因為好書，所以出版．因為閱讀，知其所以

The Baby Owner's Manual

# 超圖解寶寶使用說明書

## 小兒科醫師教會你的育兒指南（0～1歲）

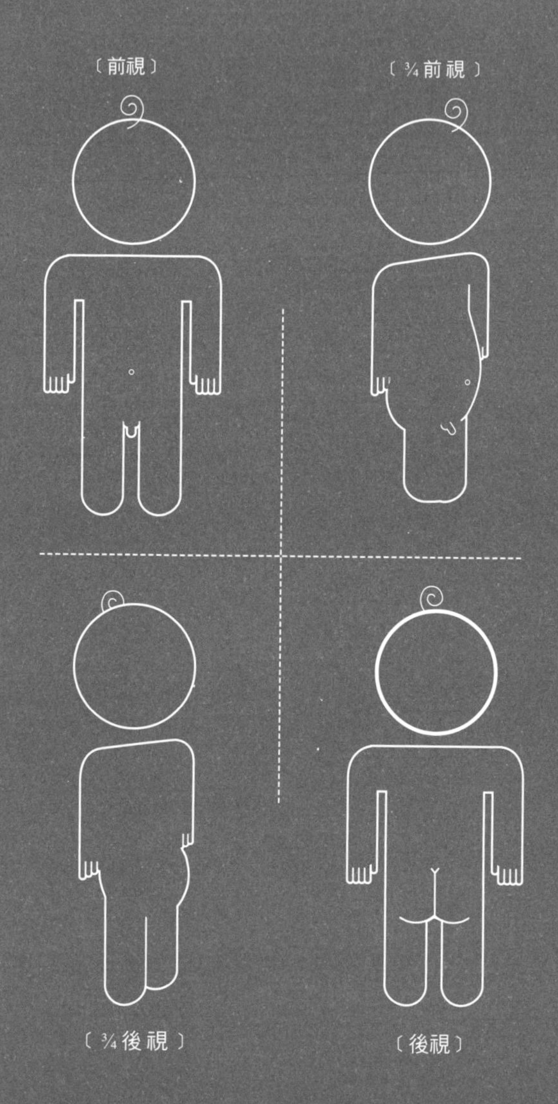


路易斯．博傑尼（Louis Borgenicht, M.D.）、喬．博傑尼（Joe Borgenicht, D.A.D.）著　陳姵妏 譯

**國家圖書館出版品預行編目資料**

超圖解寶寶使用說明書——小兒科醫師教會你的育兒指南（0～1歲）／路易斯・博傑尼（Louis Borgenicht, M.D.）、喬・博傑尼（Joe Borgenicht, D.A.D）著；陳姵妏譯.
-- 初版. -- 臺北市：所以文化, 2016.05 面； 公分.
--（教育・學習；026）
譯自：The Baby Owner's Manual
ISBN 978-986-90921-8-0 (平裝)
1.育兒 2.新生兒
428 105007684

教育・學習 026

# 超圖解寶寶使用說明書

## ——小兒科醫師教會你的育兒指南（0～1歲）

作　　者／路易斯・博傑尼（Louis Borgenicht, M.D.）
　　　　　喬・博傑尼（Joe Borgenicht, D.A.D.）
譯　　者／陳姵妏
總 編 輯／黃暐勝
封面設計／李　潔

發 行 人／陳文龍
出 版 者／所以文化事業有限公司
地　　址／台北市南京東路一段25號10樓之3
電　　話／(02)25372498　　傳　真／(02)25374409
總 經 銷／紅螞蟻圖書有限公司
電　　話／(02)2795-3656　　傳　真／(02)2795-4100
初　　版／2016年5月



定價 320 元　　ISBN：978-986-90921-8-0

# 目　錄

# 前言／歡迎你的新寶寶

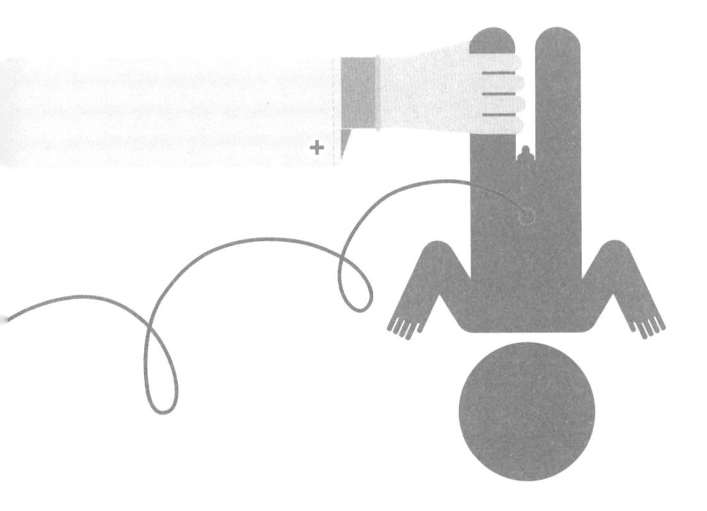

## 注意！

在開始閱讀本手冊前，請仔細檢查你的機型是否具有本章中的標準零件，如果零件遺失或無法正常運作，建議你即刻向寶寶維修員進行諮詢。

# 恭喜！新寶寶誕生

這個寶寶與你所擁有的其他電器高度相似，例如像是你的個人電腦，寶寶需要動力來源以執行複雜的工作和功能；像印表機，寶寶的頭部需要經常清理以達到最佳表現；也像是汽車，寶寶會在空氣中排放出令人不舒服的氣味。

但最大的不同點在於：個人電腦、印表機和汽車都有使用手冊，而新生的寶寶沒有——因此你需要本書在手。這是一本巨細靡遺的使用者手冊，可幫助你的新生寶寶達到最大效能與最佳效果。

你不需要將這本手冊從頭到尾看完，為了你的使用方便，本手冊分為七個章節，當你有疑問或是遇到問題的時候，只要翻閱以下任一章節即可：

〈第一章：準備工作與居家安裝〉：說明期待寶寶到來的最佳方式，提供有關寶寶育嬰室裝配，以及交通配件選擇上（包括常用的推車和揹帶）實用的資訊。

〈第二章：一般照護〉：提供有關照顧、懷抱及安撫寶寶時的技巧，針對較複雜的程序，例如包巾和寶寶按摩，提供圖解，並告訴你哪些玩具配件可以增加寶寶的智能。

〈第三章：哺餵〉：提供深入的指引以了解寶寶的動力供給，包括母乳哺餵、瓶餵、拍嗝的詳盡說明和副食品的介紹。

〈第四章：建立睡眠模式〉：引導寶寶睡過夜的有效技巧，包括睡眠異常的克服、過度刺激時的處理，以及寶寶睡眠區域的配置。

〈第五章：一般維護〉：維持所有新生兒機型的安全、衛生與健康是很重要的，本章節針對尿布的重新放置、寶寶的清潔和修剪寶寶的毛髮，有詳細的說明。

〈第六章：生長與發展〉：教導使用者如何測試寶寶的生理反射與辨別重要的里程碑，本章節亦說明進階的活動和知覺應用，例如：爬行、扶物站立及寶寶語。

〈第七章：安全與緊急維護〉：告訴你營造寶寶安全環境的最佳方案，同時針對哈姆立克急救法和心肺復甦術，還有寶寶健康的監測，提出重要的建議。使用者可以參考處理輕微的醫療狀況，例如：脂漏性皮膚炎、打嗝和紅眼症。

如果使用得當，寶寶將以好幾年的愛、忠誠與喜悅回饋你，但是了解如何使用寶寶是需要練習的，所以具備耐心極為重要。在接下來的幾個月裡，你將有沮喪、能力不足、絕望與失去信心的感覺，這些感覺都是正常的——而且會隨著時間消失。在不久的未來，換尿布和溫母奶，對你來說會像電腦重開機或在智慧型手機上設定鬧鐘一樣簡單，到時候你就會知道你已經成功駕馭了你的寶寶。

祝好運——並享受與新寶寶的時光！

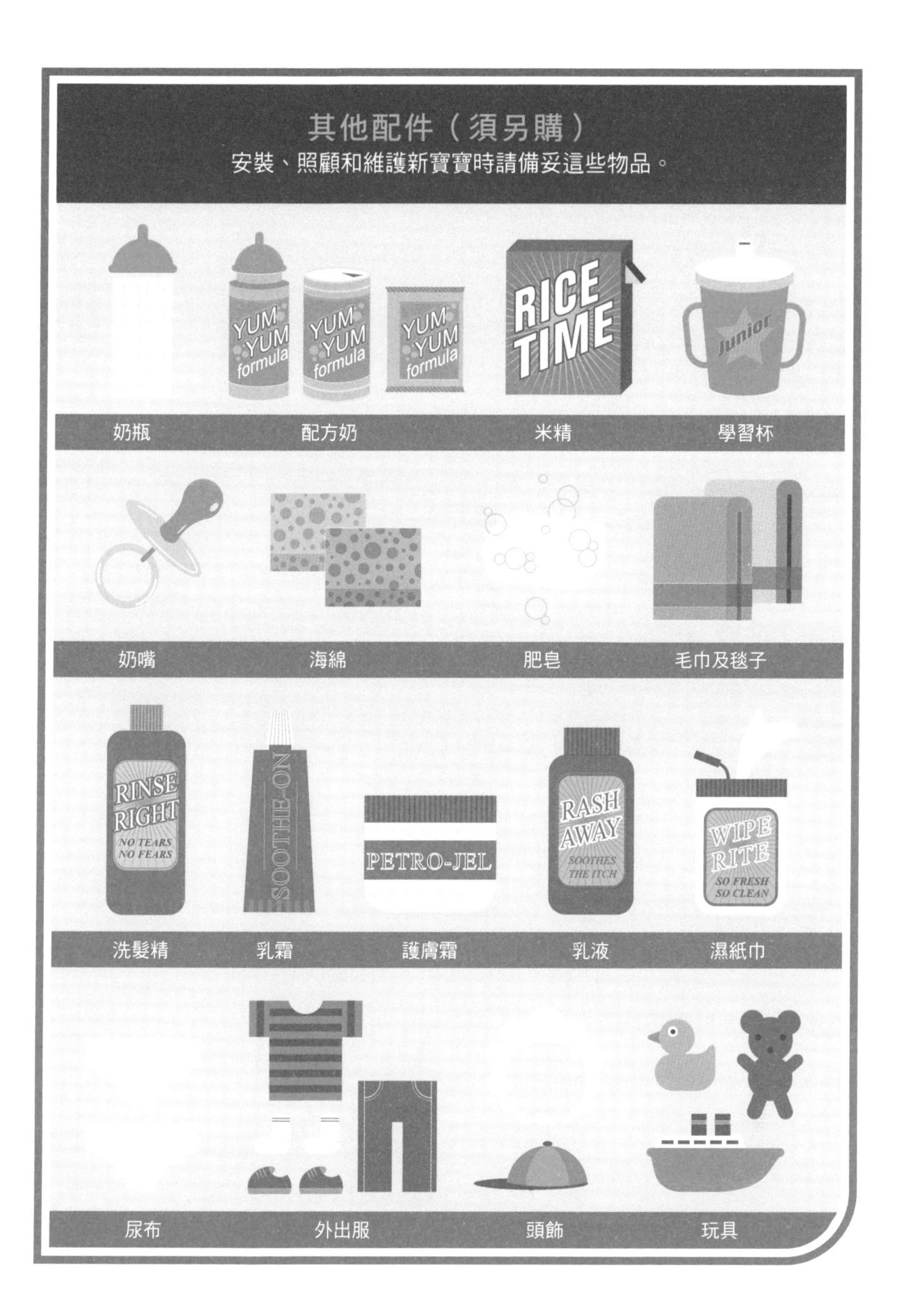
其他配件（須另購）
安裝、照顧和維護新寶寶時請備妥這些物品。
YUM YUM formula
RICE TIME
Junior
奶瓶
配方奶
米精
學習杯
奶嘴
海綿
肥皂
毛巾及毯子
RINSE RIGHT
NO TEARS NO FEARS
SOOTHE-ON
PETRO-JEL
RASH AWAY
SOOTHES THE ITCH
WIPE RITE
SO FRESH SO CLEAN
洗髮精
乳霜
護膚霜
乳液
濕紙巾
尿布
外出服
頭飾
玩具

# 寶寶的相關圖示與各部位零件

基本上，目前所有的機型皆已預先安裝以下的特徵與功能，如果你的寶寶缺少一項或更多下列的功能，請立即與寶寶維修員聯絡。

## 頭部

頭：初期依機型與生產方式的不同，可能看起來異常的大或呈現錐形，錐形頭在四到八週後會變得較圓。

頭圍：所有機型的平均頭圍為35公分，只要尺寸介於32-37公分之間，皆可視為正常。

頭髮：並非所有機型在出生時都具備此項，且顏色各異。

囟門（前與後）：也稱為「柔軟點」（soft spot），囟門是寶寶頭蓋骨上尚未閉合的兩處隙縫，絕對不要用力對囟門施壓，在第一年快結束前（或是更早）就會完全閉合。

眼睛：大多數的白種機型生來具有藍色或灰色的眼睛，而非洲和亞洲機型則有棕色眼睛，要注意在前幾個月虹膜的顏色會變換許多次，直到九至十二個月時才會固定眼睛的顏色。

頸部：在剛出生時，此部位看起來似乎很「無用」，但這並不是瑕疵，頸部在二到四個月後會變得更有用處。

## 身體

皮膚：寶寶的皮膚對於新（尚未清洗）衣物上的化學物質特別敏感，對一般洗衣劑中的化學物質亦會有不良反應，應考慮將家中衣物的清洗更換為無香精、無化學物質的清潔劑。

臍帶根部：剩下的殘段會結痂，幾週後會脫落，所以必須保持清潔與乾燥，才能避免感染，然後變成健康的肚臍。

直腸：寶寶固體廢物的排出口，將溫度計擺放此處，可以測量寶寶的中心溫度，大約為37℃。

生殖器：寶寶的生殖器看起來稍大是正常的，並不表示與未來寶寶生殖器的尺寸或形狀相同。

細毛：許多機型在肩膀或背部內建有一層毛絨絨、細軟的新生毛，這層毛髮會在幾週後消失。

體重：各機型出生時的平均體重為3.4公斤，大多數體重介於2.5-4.5公斤之間。

身長：各機型出生時的平均身長為51公分，大多數身長介於45-56公分之間。

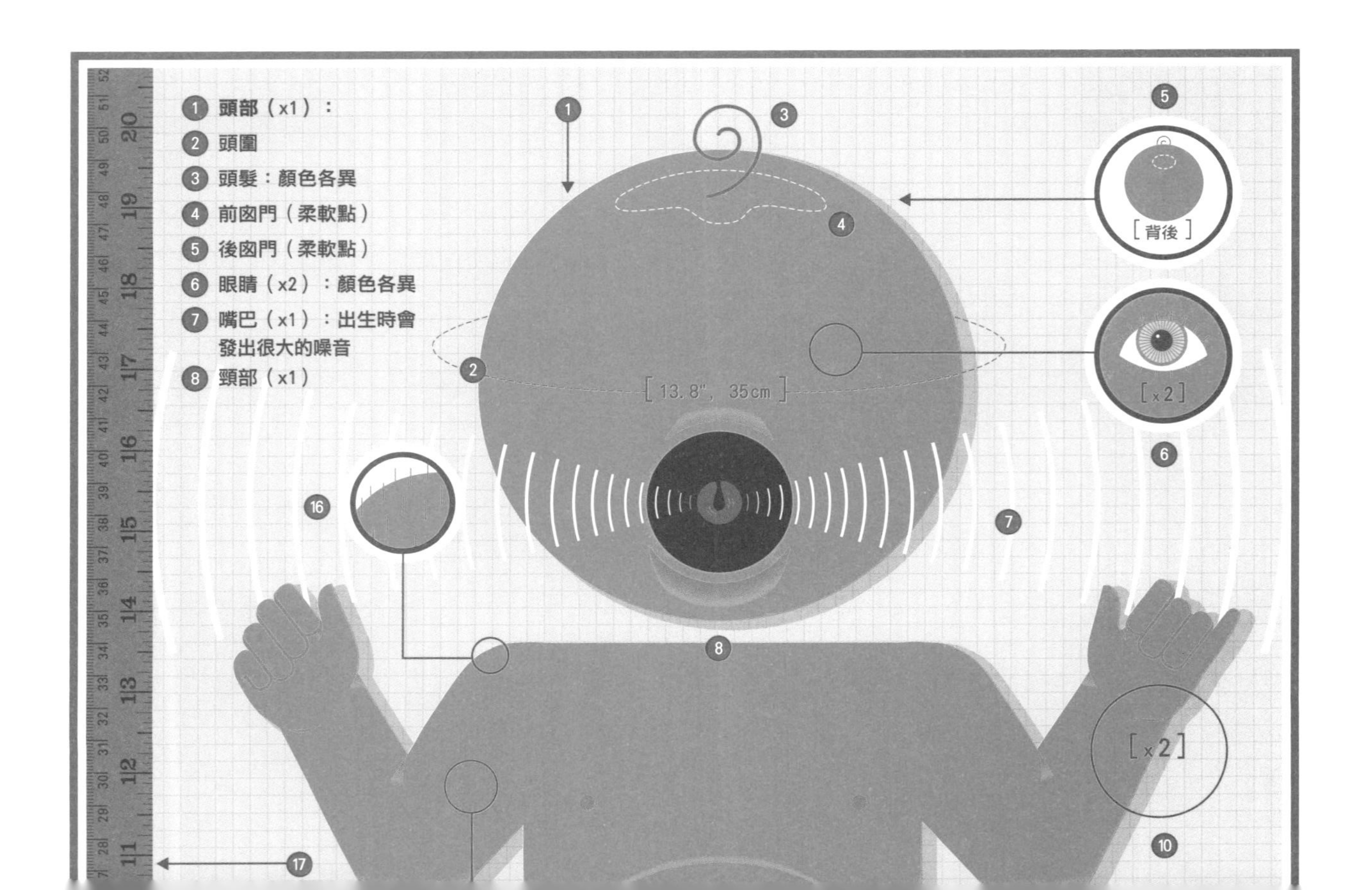
1 頭部（x1）：
2 頭圍
3 頭髮：顏色各異
4 前囟門（柔軟點）
5 後囟門（柔軟點）
6 眼睛（x2）：顏色各異
7 嘴巴（x1）：出生時會發出很大的噪音
8 頸部（x1）
[背後]
[x2]
[13.8", 35cm]
[x2]

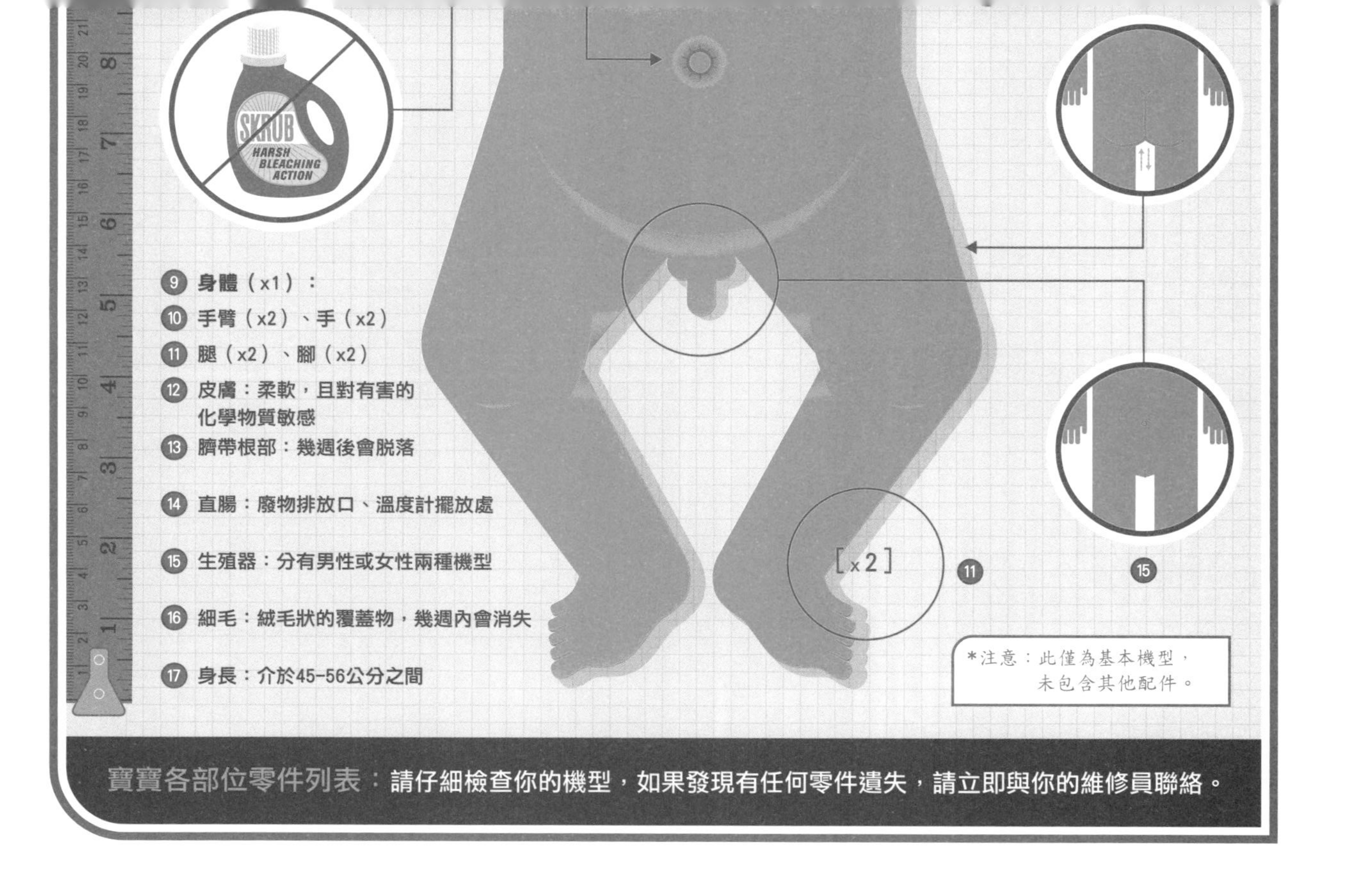
SKRUB
HARSH BLEACHING ACTION
9 身體（x1）：
10 手臂（x2）、手（x2）
11 腿（x2）、腳（x2）
12 皮膚：柔軟，且對有害的化學物質敏感
13 臍帶根部：幾週後會脫落
14 直腸：廢物排放口、溫度計擺放處
15 生殖器：分有男性或女性兩種機型
16 細毛：絨毛狀的覆蓋物，幾週內會消失
17 身長：介於45-56公分之間
［x2］
*注意：此僅為基本機型，未包含其他配件。
寶寶各部位零件列表：請仔細檢查你的機型，如果發現有任何零件遺失，請立即與你的維修員聯絡。

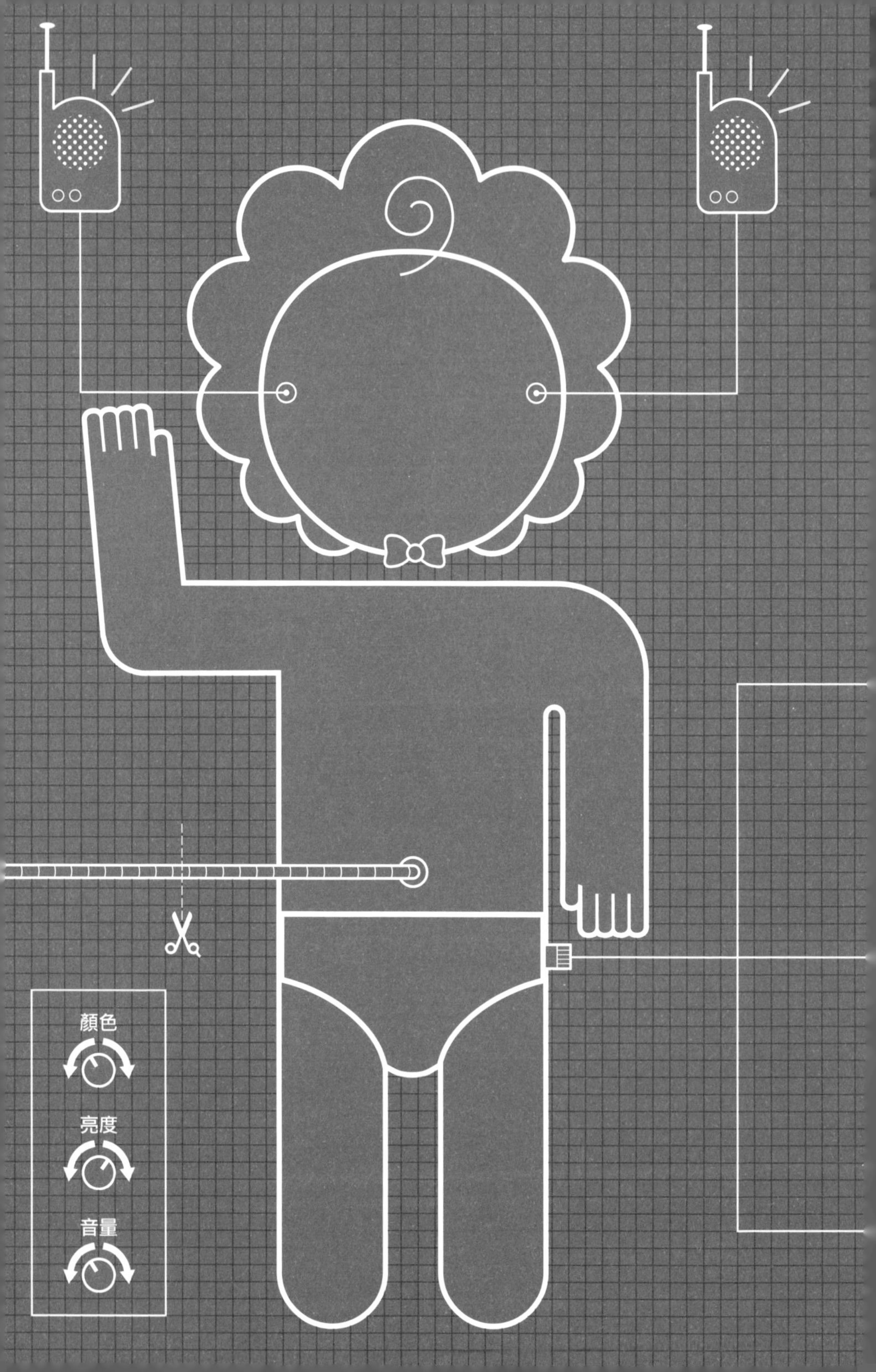
顏色
亮度
音量

第一章

# 準備工作與居家安裝

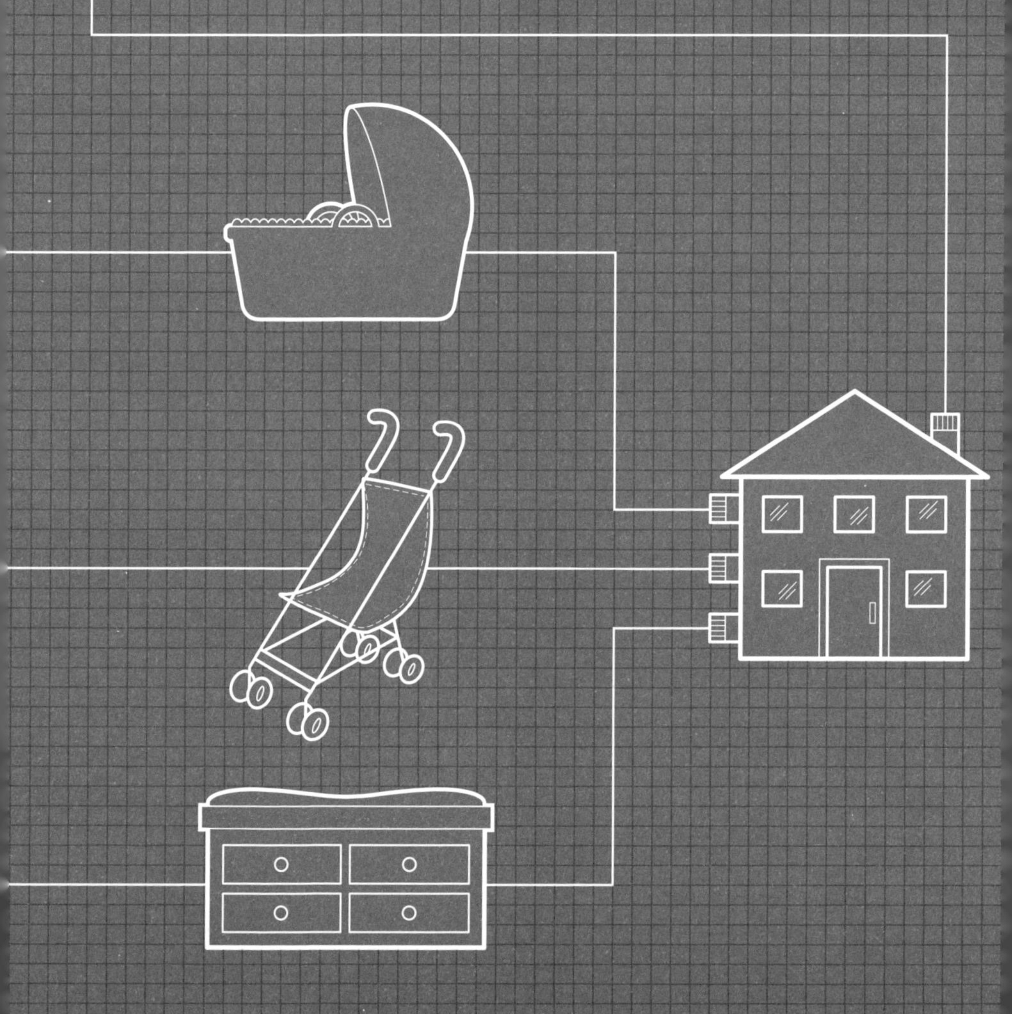

# 居家準備

新生寶寶僅具有限的活動力，所以不需要立即為居家環境進行兒童安全防護；然而，仍建議你在寶寶來臨前做好以下的準備：

〔1〕在生產前完成所有居家改建。應付新生兒的需求，可能會讓這些改建計畫延宕好幾年。

〔2〕調整並監控屋內溫度。在出生的頭幾個月，寶寶需要人幫助調節體內溫度，最適合新生兒的室內溫度為20-22℃。

〔3〕徹底清潔房屋。東西用完就要歸位，用餐完要整理廚房，寶寶會在意料之外的情況出生，隨時做好準備是有益的。

〔4〕增加食物的儲存量，食物櫃裡要有足夠的乾糧，也要儲存一些冷凍宵夜。一旦你有了寶寶，在超市購買生活用品的工作會變得更加複雜。

〔5〕預先煮好食物。事先煮好食物並冷凍起來，讓你能夠在寶寶來臨後的幾個禮拜有足夠的食物維持。

【專家提示】在寶寶來臨前的最後四個禮拜，汽車的油箱絕對不要低於半桶的油量。

# 布置寶寶的育嬰室

大多數的使用者會選擇讓寶寶有自己的特殊空間，這個房間通常叫做育嬰室。強烈建議你在機型抵達前完成育嬰室的裝配，規劃可能很困難，因為你必須在很短的時間內找到用品和工具。

## 嬰兒床

嬰兒床是育嬰室裡最重要的用品，必須放在安全、舒適和方便的地方——以上條件須依序符合。

安全：嬰兒床應該遠離窗戶、冷氣管線、電暖爐、長垂掛物如窗簾拉繩，以及重物如掛畫或檯燈；嬰兒床應該置於柔軟的地毯或小地墊上。

舒適：將嬰兒床放置於房間的角落，可以增加嬰兒的安全感，並須避免陽光的直接照射。

方便性：理想的嬰兒床應該放在房門口就可看到的地方，這樣使用者可以一眼就看見，以便監控寶寶的狀態。

有關如何選擇理想的嬰兒床，請見第四章。

## 尿布檯／衣櫃

尿布檯——有時候是尿布檯／衣櫃的組合——應該有平坦的表面，大約到腰的高度，有助於尿布的移除或重新安裝。跟嬰兒床一樣，一個有效的尿布台應該具備安全、舒適和方便的特點，而且可以就近收納更換尿布時所需的用品。

【注意】絕對不要把寶寶獨自留在尿布檯上，否則可能導致嚴重的損傷或功能損壞。

安全：爬行中的寶寶，可能會抓扶尿布檯的正面來學站，因此將尿布檯用架子固定好，可以確保其維持直立狀態；尿布檯不該放在靠近電暖爐、窗簾拉繩或其他危險物品的附近。

舒適：許多使用者會在尿布檯上舖一層軟墊，製造緩衝以增加舒適度，這類的尿布檯墊通常表面是橡膠，再以棉質床單加以覆蓋。

方便性：理想的尿布檯位置，應該與備品、備用衣物、垃圾桶和洗衣籃不超過一個手臂的距離。

## 其他育嬰用品

搖椅或椅子：放置於房間的角落，以免浪費寶貴的遊戲空間。在搖椅旁的小桌上，放拍嗝的軟巾、可調亮度的檯燈、一本用來讀的書、一個時鐘記錄餵食時間，還有一條溫暖的毯子。

玩具箱：如果空間有限，可以考慮使用能收納於嬰兒床下的矮玩具箱。

加濕器：如果嬰兒房裡有加濕器，請放在距離嬰兒床至少四英尺的地方，因為嬰兒床有水氣會滋生細菌。

溫控器：建議使用者在嬰兒房放置溫控器，因為一個家裡不同房間溫度也不同，寶寶嬰兒房的理想溫度是20℃。

移動式暖爐：如果嬰兒房裡有移動式暖爐，請遠離嬰兒床和所有可燃物，並且不要在無人照料的情況下使用。

睡眠監視器：這項設備可以幫助你，從家中的任何地點監控寶寶的聲音輸出和睡眠模式下的功能運作，聲音接收器應該隨時保持開啟，並放在靠近電源插頭的地方，可能的話避免使用延長線。

夜燈：在嬰兒床的附近或底下，寶寶看不見的地方，放置一個小夜燈。

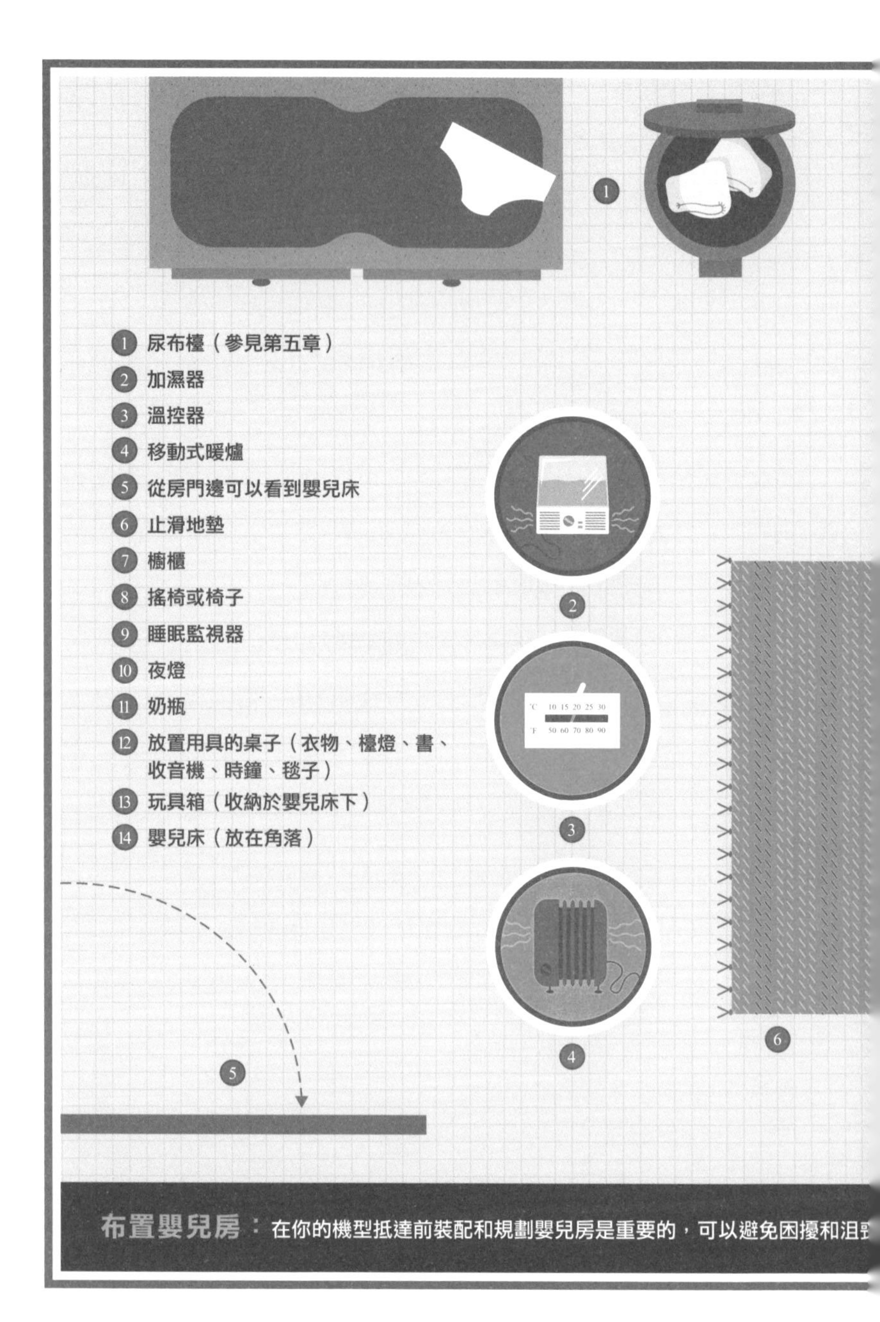


**布置嬰兒房：**在你的機型抵達前裝配和規劃嬰兒房是重要的，可以避免困擾和沮

7
8
9
10
11
12
13
14

# 必要的寶寶配件

所有機型都需要各類型的配件，從睡眠用品到梳理設備都需一應俱全，下列是寶寶頭一個月裡最需要的配件，建議你在機型抵達前，完成大部分用品的購買。

## 睡眠用品

- 兩套嬰兒床或搖籃的床單
- 4-6條包巾
- 嬰兒床床圍

## 換尿布用品

- 無酒精的濕紙巾
- 護膚霜
- 屁屁膏
- 乳液
- 棉花棒
- 30-60條尿布棉墊、六個別針及六件布尿褲，或1-2包新生兒拋棄式紙尿布

## 哺餵用品

- 6-12條拍嗝巾

- 2件哺乳內衣
- 4個溢乳墊
- 羊脂膏
- 4-6個4盎司（118毫升）的奶瓶和新生兒奶嘴頭
- 乳頭防護罩
- 擠奶器和儲存瓶與袋子（選配）或一個禮拜分量的新生兒配方奶（選配）

## 衣物用品

- 5-7件連身內衣
- 3-5件連身襯衫／褲裝
- 3-5件連身的含防燃劑睡衣
- 3-5件含防燃劑的襯衫式睡衣
- 3-5雙襪子
- 防抓手套
- 2-3頂帽子
- 刷毛套裝、毛衣和外套（依氣候而定）

## 沐浴和梳理用品

- 小型塑膠澡盆
- 2-3條連帽毛巾
- 2-3條洗澡巾

- 寶寶沐浴皂
- 寶寶洗髮精
- 梳理用品組含指甲剪
- 吸鼻器

# 必要的交通配件

寶寶的主人需要特殊的配件來運送寶寶，請參考以下的指南，選擇最適合你目前生活方式的設備。

## 揹帶

揹帶可以讓使用者以最省力的方式抱著寶寶，須考慮到你和寶寶的接受度，如果你不喜歡穿戴揹帶，那你也不可能使用它。

前背式（圖A）：這款揹帶，包含使用者肩帶和寶寶安全帶，使寶寶能夠在使用者的胸前得到支撐。在發展出足夠的頸部支撐力以前，寶寶都應該以「面朝內」的方式懷抱，前背式揹帶可以使用到寶寶約六個月大。

懸掛／懷抱式（圖B）：這類揹帶，通常材質為棉、尼龍或萊卡，須掛在使用者的側肩上或綁在身上，適用於新生兒和較大的寶寶，懸掛／懷抱式揹帶可以使用到寶寶超過十二個月以上。

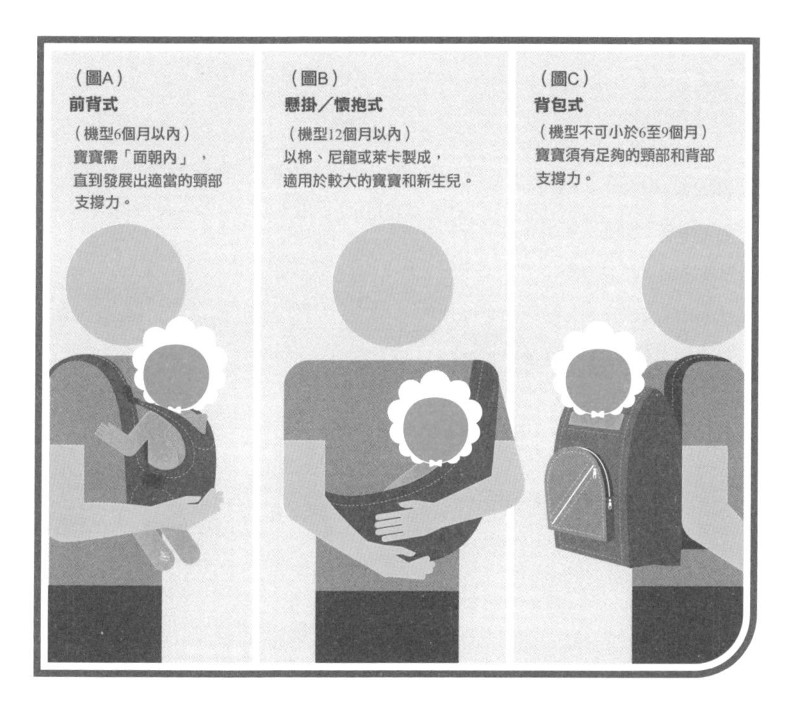

（圖A）
前背式
（機型6個月以內）
寶寶需「面朝內」，
直到發展出適當的頸部
支撐力。
（圖B）
懸掛／懷抱式
（機型12個月以內）
以棉、尼龍或萊卡製成，
適用於較大的寶寶和新生兒。
（圖C）
背包式
（機型不可小於6至9個月）
寶寶須有足夠的頸部和背部
支撐力。


背包式（圖C）：這款揹帶通常有金屬或塑膠支架搭配棉質或尼龍的襯墊，讓寶寶可以坐在使用者的背後。此時寶寶需要有足夠的頸部和背部支撐力，不建議六至九個月以下機型的寶寶使用。請挑選可調整大小的款式，且須有遮陽功能和置物口袋。

## 推車

幫助使用者利用具輪子的小車將寶寶從A地移動到B地，在挑選前要考慮耐用度、活動性、尺寸、重量和價錢，所有初次使用者都應該在購買前「試駕」。

款式：
**標準型推車**

輪胎數：4或8

使用年限：直到寶寶達18-20公斤

推車重量：中等偏重

摺疊性：可

通用性：大多數可結合嬰兒汽車座椅使用

變化性：2-4段式座位

適用地形：人行道、平坦的路面、大多數的室內平面

款式：
**慢跑型推車**

輪胎數：3

使用年限：直到寶寶達16-20公斤

推車重量：中等偏重

摺疊性：可

通用性：部分款式可結合嬰兒汽車座椅使用

變化性：1-2段式座位

適用地形：人行道、馬路、室內平面、草地小徑

**推車**：初次使用者在購買前都應該要「試駕」，並詢問外掛配件（杯架、遮陽棚、置物籃等

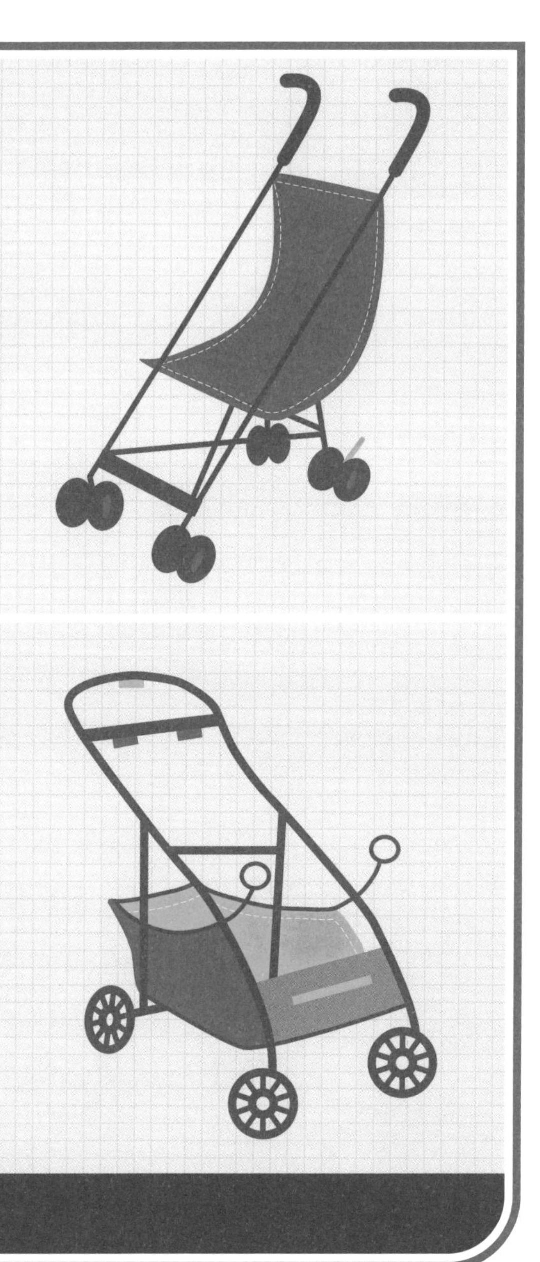

式：

**便型推車**

胎數：4或8

用年限：直到寶寶達13-20公斤

車重量：輕

疊性：可

用性：無

化性：1-3段式座位

用地形：室內平面和平坦的人行道

式：

**座型推車**

胎數：4

用年限：直到寶寶達9-11公斤

車重量：輕

疊性：可

用性：專門與嬰兒汽車座椅連結使用

化性：無

用地形：室內平面和平坦的人行道

在挑選推車時要注意以下幾個特點：五點式安全帶、置物籃、杯架、遮陽棚、坐墊、雨罩、多向式前輪、多段式靠背、避震器和堅固的塑膠（或耐用的氣壓式）輪胎。

## 汽車座椅

要用汽車運送寶寶，你需要專為寶寶尺寸所設計的汽車座椅。大部分新生兒適用兩種不同類型的汽車座椅：嬰兒座椅和嬰幼兒兩用座椅，兩者各有其好處。不論你的選擇為何，請仔細閱讀座椅使用手冊，並正確地安裝座椅。

座椅需具備以下特徵：五點式安全帶、新生兒頭部支撐墊、可調式安全帶、伸縮式遮陽棚、舒適的襯墊，以及（僅限嬰幼兒兩用座椅）座椅連結汽車繫帶。若有疑問，請與製造商聯絡。

嬰兒汽車座椅（圖A）：嬰兒汽車座椅最大的好處，就是寶寶躺在裡面就可以從車上取下，並與大多數的標準型推車和無座式推車結合，其設計是使座椅在意外發生時能像貝殼一樣闔上。然而不便之處在於裝著嬰兒的座椅重達13公斤，而且每次放回車內皆需進行安全檢查，在寶寶體重達9-11公斤或身長超過66公分後，便需將座椅進行更換。

嬰幼兒兩用汽車座椅（圖B）：體積較嬰兒汽車座椅大，嬰幼兒兩用汽車座椅可以持續使用至寶寶約四到五歲，但這類座椅並非

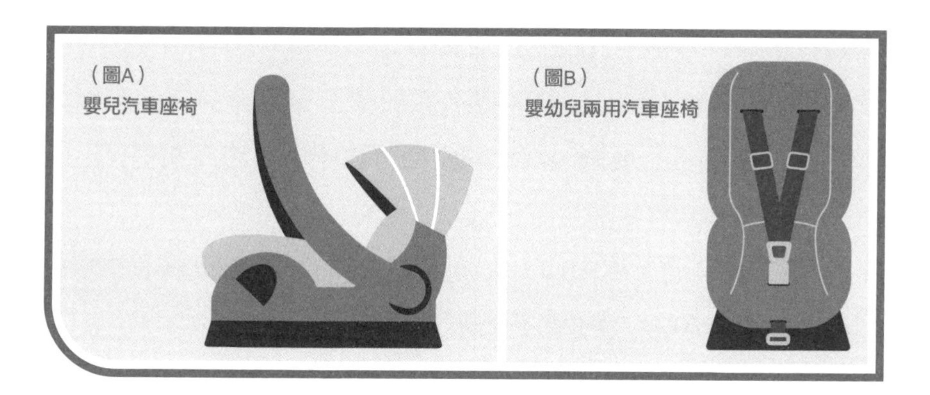


為了可直接從車上取下所設計，到達目的地後，你需要配合其他揹帶的使用。

【專家提示】一般來說，使用二手的汽車座椅是不安全的，因為安全法規時常改變，舊的型號可能已過時，若是前一手的座椅使用者曾經發生過車禍事故，座椅可能無法以最佳狀態運作。

## 汽車座椅的安裝

所有機型的寶寶在搭乘汽車時必須要有安全防護。在寶寶12個月且體重達9公斤以前，皆須坐在交通工具的後座，如果可能的話，將寶寶置於後座的正中央。

〔1〕永遠遵守汽車座椅製造商的使用說明，如果安裝的時候遇到

困難，上面會有聯絡資訊。

〔2〕遵守安全規範。座椅不應該置於安全氣囊會彈出的範圍，或後座扶手放下的地方，汽車前座椅背也絕不要倚靠在嬰兒汽座上，如此一來當事故發生時，可以避免座椅被卡死。

〔3〕安裝座椅時，需兩個人來確認是否牢固：一個人將膝蓋壓住座椅使其下壓固定，此時另一個人用力將安全帶繫緊。

〔4〕進行安全檢查。汽車座椅不可向前、向後或向兩側移動超過2.5公分，後座安全帶應該卡進正確的凹槽內，必要時與鎖扣連接，座椅應以正確的角度（約45度）稍微傾斜。

〔5〕檢查汽座安全帶的帶子。應平整（不可扭曲）、緊貼且牢牢地固定在扣環點上。

〔6〕支撐寶寶的頭。使用汽座的頸部支撐墊，或用毛巾環繞寶寶的頭頂和兩側，須確保支撐處不會影響到汽座安全帶。

〔7〕定期檢查汽座的穩定度和安全性。

【專家提示】許多醫院、消防局和嬰兒用品經銷商，提供免費的汽車座椅安裝檢測。

## 認識寶寶的維修員

所有的機型皆需要維修員的協助，我們稱之為小兒科醫師。與你的維修員進行面對面的會談，並考慮詢問以下的問題：

- 你的孩子扶養哲學是什麼？有些維修員有特殊的理念，有些則持開放性的論點。了解你維修員的想法，借以得知與你自己的觀點異同。
- 每次預約是否都由你診察我的寶寶？有的醫院或診所同時有許多位維修員，理想的情況是每次看診時都由同一位診治。
- 如果你不在，由誰治療寶寶？維修者有時需由其他人代診是很正常的，所以詢問代診者的資歷，也是再自然不過。
- 你是否將健兒門診和一般門診孩童分開看診？你是否將健康的和生病的孩子分開候診？這可減低寶寶接觸到病童的機會。
- 你的看診時段為何？如果父母皆有全職工作，這是個很重要的問題，有些維修員可提供彈性時間看診。
- 你是否提供電話諮詢的時段？或是你平日是否接受電話諮詢？大部分的維修員至少提供其中一種諮詢方式，在一開始時了解對方的規定，可以避免未來有困擾跟沮喪的情況發生。
- 打針是否由你的護士或助理執行？大部分機型的寶寶會怕幫他們打針的人，因此最好是有護士或助理來協助這項工作。

有為數不少的維修員供寶寶使用者選擇，因此，建議先與幾個能接受你保險公司給付的維修員進行面談，聽從朋友、家人和同事的建議，然後從面談中選擇你最中意的維修員。

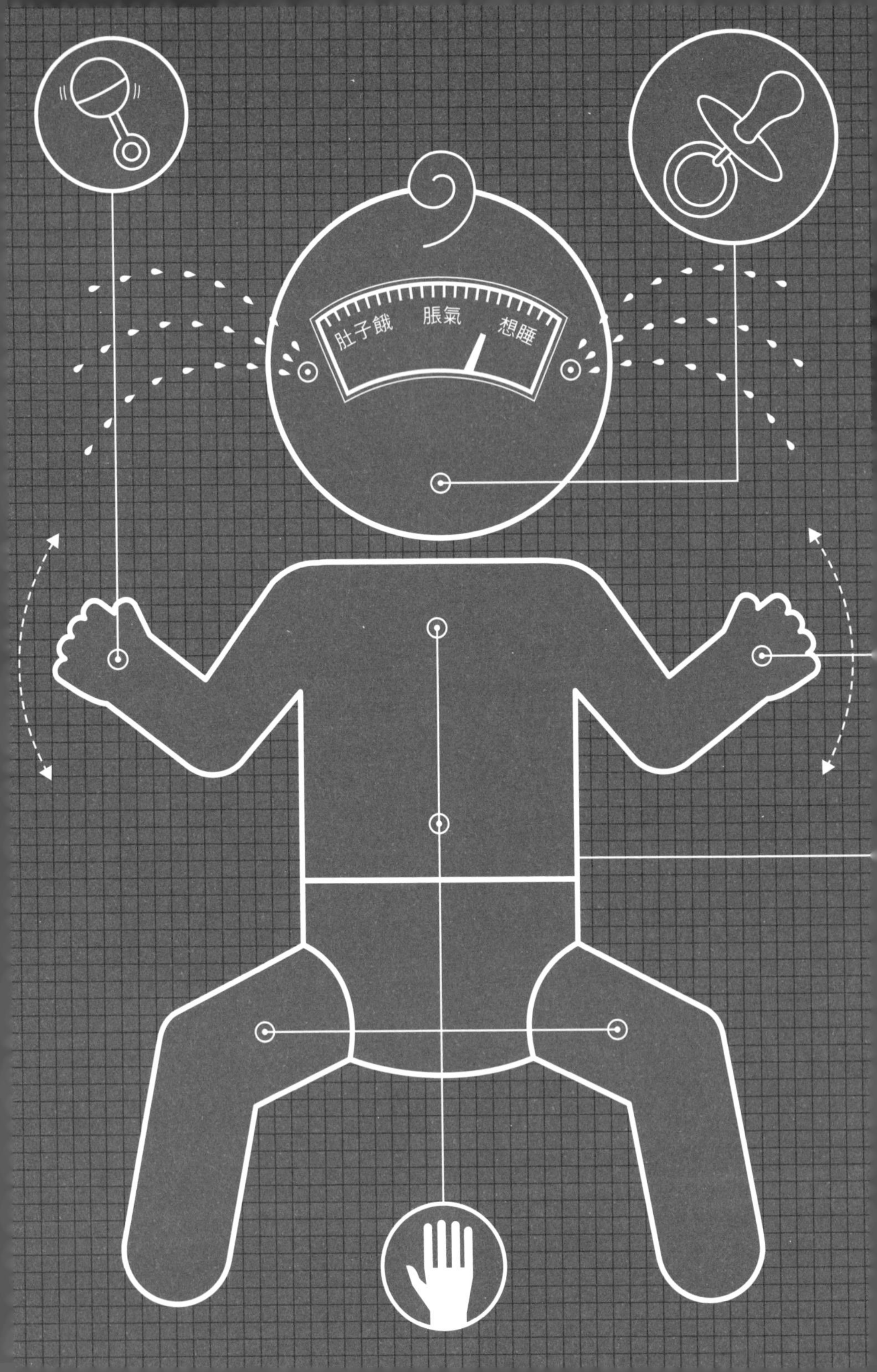

肚子餓
脹氣
想睡

# 第二章

# 一般照護

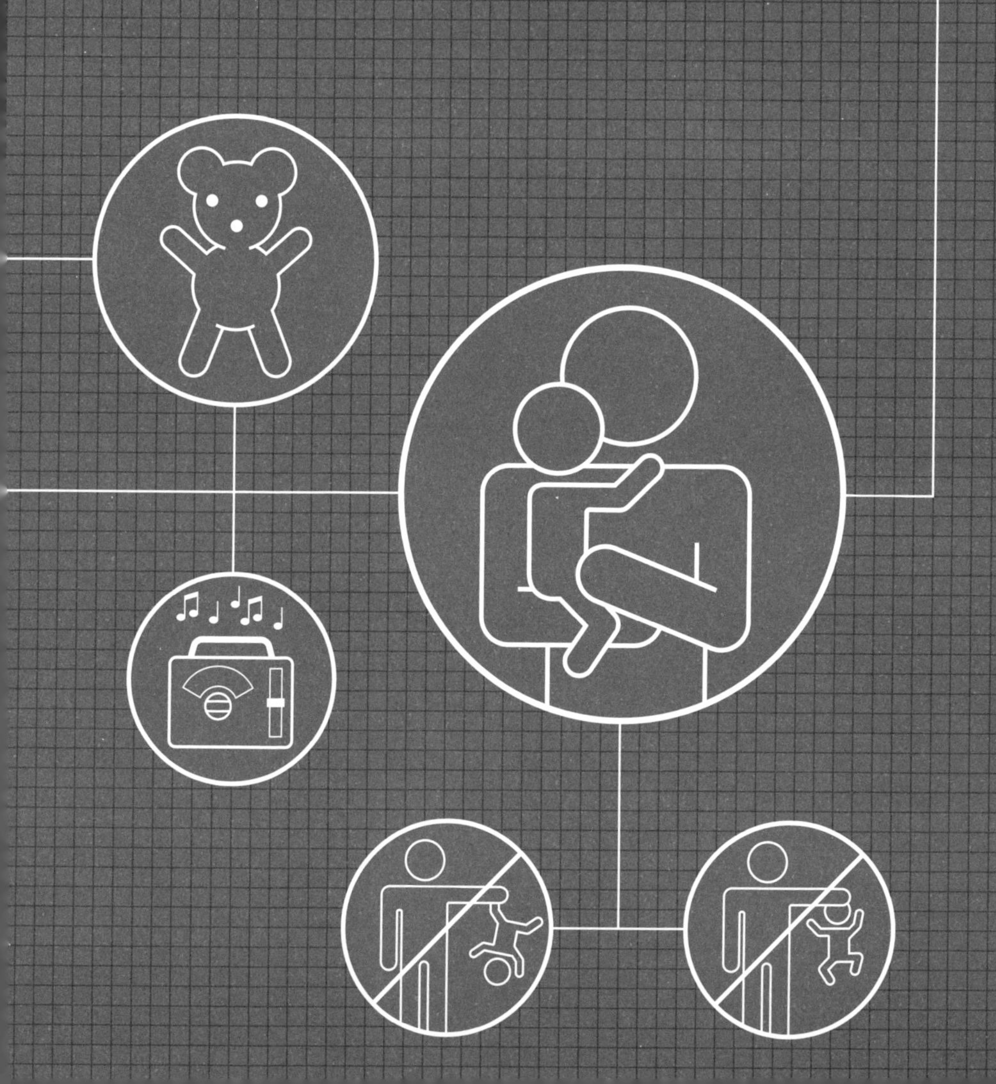

# 與新寶寶的親密接觸

一般建議使用者在生產完後立刻與寶寶進行親密接觸，通常這樣的親密關係會馬上發展完成，但有時候寶寶和使用者需要多一點時間。並非所有機型的寶寶皆相同，所以親密關係連結發生的時間沒有對或錯；但是如果你在三到四週後仍未感到與寶寶有此親密連結，建議你與寶寶維修員討論這個問題。

〔1〕在初次有機會時觸摸、注視並聞寶寶。寶寶健康狀況允許的話，在生產後，要求護士或醫師立刻將寶寶置於你的胸前。

〔2〕選擇哺餵母乳的媽媽應該盡快這麼做，餵母奶能釋放賀爾蒙，有助於子宮收縮和減少產後惡露，哺餵母乳的行為也有助於母子之間親密關係的形成，而且母奶對寶寶的健康有許多益處。（參考第三章）

〔3〕將寶寶留在身邊。如果寶寶的健康狀況允許，請安排母嬰同室，對寶寶講話或唱歌，讓他能夠認得你的聲音。

【注意】慢慢來。有的母親需要慢慢地進行這些步驟，如果你需要先恢復生產過程中產生的傷口，才能頻繁地接觸新生兒，請一定要先這麼做。媽媽和寶寶的相處是重要的，但更重要的是母親要準備好，在媽媽恢復期間，可由護士、另一半或家人來照護寶寶。

# 照顧新寶寶

在照顧寶寶前一定要洗手，人類的皮膚都含有細菌，一旦轉移到寶寶身上，可能造成寶寶無法正常運作。如果你手邊沒有肥皂和水，請用濕紙巾擦拭消毒雙手。

## 抱起寶寶

〔1〕將一隻手滑入寶寶的後頸和頭部做支撐（圖A）。在前幾週，寶寶的頸部幾乎無法運作，頸部功能增強以前，抱寶寶時要避免不小心讓頭「往下掉」。

〔2〕將另一隻手滑入寶寶的臀部和脊椎處（圖B）。

〔3〕將寶寶抱起並靠近你的身體（圖C）。

【注意】把寶寶放下時，一定要持續用手支撐寶寶的頭，並且要確認躺下的地方能支撐他的頭和脖子。

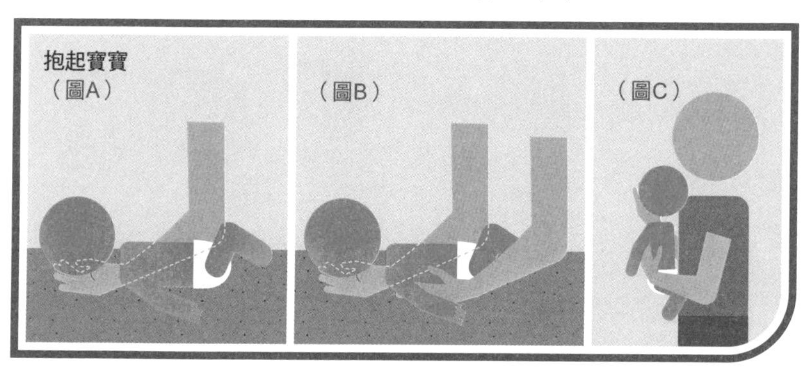

# 搖籃式抱法

用搖籃抱的方式，讓寶寶的頭部靠近你身體的左側，可以讓寶寶的耳朵聽見你心臟發出規律的跳動聲，接受到這樣的信號後，你的寶寶可能就此進入睡眠模式，這是正常的——而且很多使用者對此求之不得。（此類抱法亦可靠身體右側進行）

〔1〕將右手置於寶寶的頭和頸部後方，左手要支撐寶寶的臀部和脊椎（圖A）。

〔2〕將寶寶的頭和脖子挪動到左手肘內彎處，此時你以左手支撐寶寶，而右手可以做其他的事（圖B）。

〔3〕若想抱得更安全一點，可將你的右手繞至左手臂下方支撐。

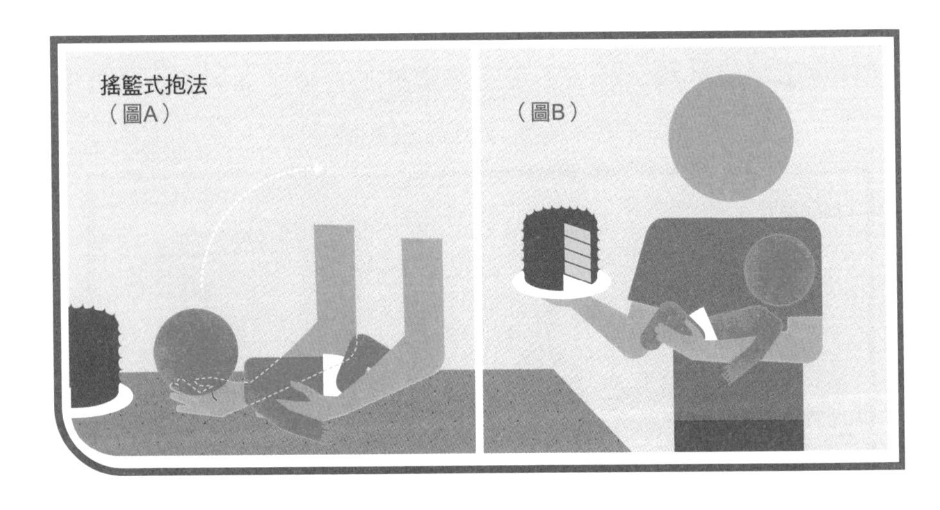

## 肩抱法

這對新手寶寶主人來說是很理想的姿勢，但是當寶寶越來越大，他可能不願意再被以這個姿勢抱著。

〔1〕抱起寶寶，並讓他的頭可以靠在你的肩膀前方，寶寶的頭不可高於你的肩膀（圖A）。

〔2〕利用手肘內彎處支撐寶寶的臀部，他的腳會懸在這隻手臂的下方。

〔3〕若想抱得更安全一點，將沒有抱寶寶的那隻手放在寶寶的背後（圖B），如果你需要向前傾，記得要支撐寶寶的頭和頸部。

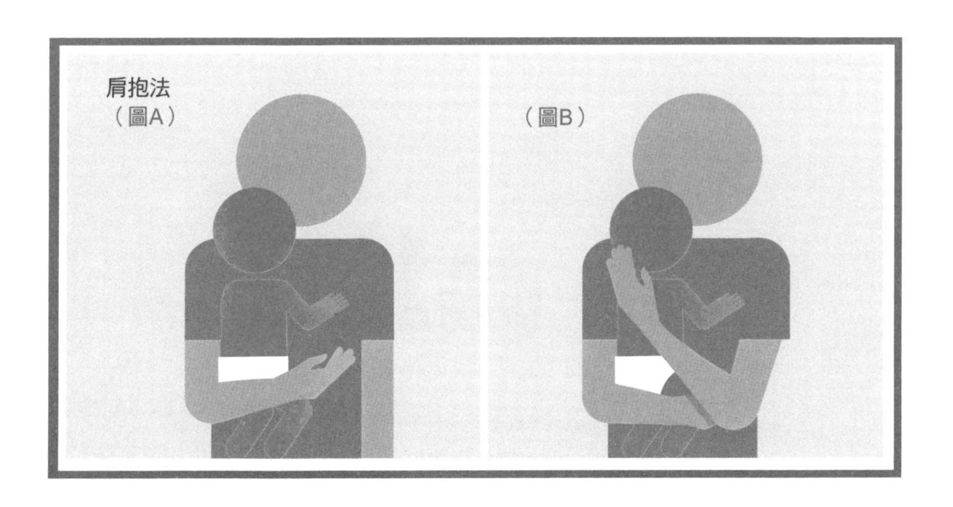

# 遞交寶寶

寶寶出生的前兩個月，免疫系統極度的脆弱，建議你在這段期間減少訪客的人數；在把寶寶遞給其他人之前，請確認對方已經洗過手。

當要將寶寶遞給另外一個人，或有親友來訪時，利用下列的小技巧來保護寶寶的安全。

〔1〕用一隻手支撐寶寶的頭和頸部，另一隻手要支撐寶寶的臀部和脊椎。

〔2〕請要抱寶寶的人雙手臂交叉。

〔3〕將寶寶的頭和頸部置於對方一側的手肘內彎處，指引對方支撐寶寶的頭部（圖A）。

〔4〕將寶寶的身體放在交叉的手臂上（圖B）。

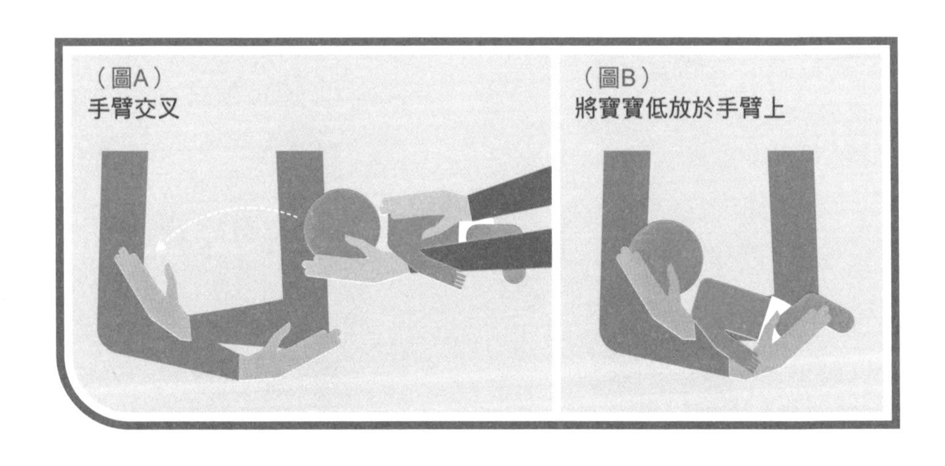

# 爬行寶寶的抱法

一般來說，超過六個月後寶寶便會爬行，此時的體重比剛出生時重了許多，由於體重增加，使得先前的抱法已經不適用。如果寶寶已經會爬，表示他的頭部、頸部和背部已經很有力，可以採用新的懷抱姿勢。

## 臀抱法

〔1〕將一隻手從腋窩處繞過寶寶的背部（圖A）。

〔2〕另外一隻手放在寶寶的臀部（圖B）。

〔3〕將寶寶抱到大人臀部的高度，並同時用手臂支撐背部（圖C）。

〔4〕將寶寶置於髖部。有的使用者需要把身體彎曲，讓髖部伸出更多面積，方便寶寶依靠。寶寶應該是跨坐在大人的身體側面，一隻腳在前、一隻腳在後（圖D）。

〔5〕手臂抱著寶寶的肩胛骨，如果寶寶抓著你，你可以把手臂移至他的下背處。

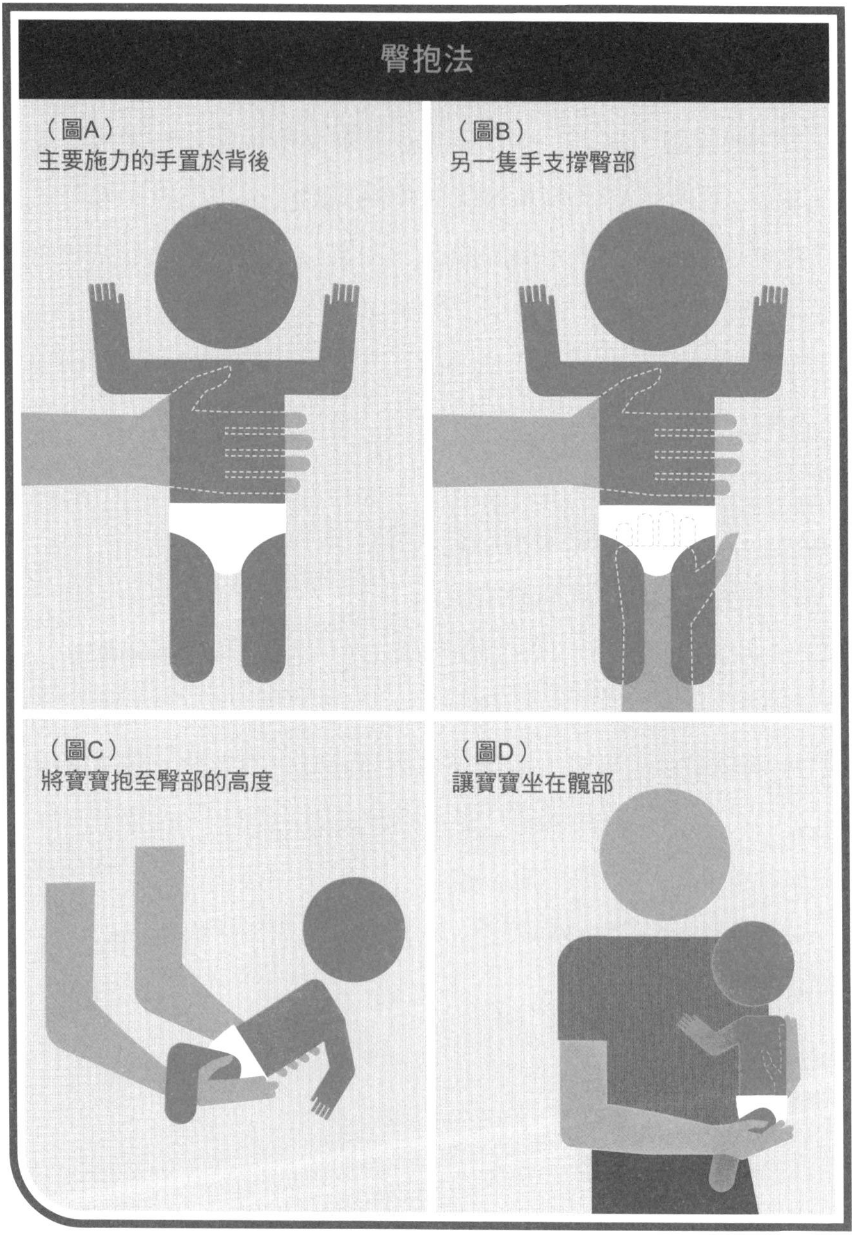

## 臀抱法

（圖A）
主要施力的手置於背後

（圖B）
另一隻手支撐臀部

（圖C）
將寶寶抱至臀部的高度

（圖D）
讓寶寶坐在髖部

## 馬鈴薯袋式抱法

這種抱法用於近距離移動，因為需要呈寶寶水平方式懷抱，大多數寶寶無法忍耐太久。

〔1〕從寶寶背後靠近。

〔2〕將主要施力的手從兩腿間滑入寶寶身體下方至前胸，盡可能地將手肘彎曲，將手置於寶寶胸前（圖A）。

〔3〕將另一隻手放在寶寶背後，幫助他在你的手臂上保持穩定（圖B）。

〔4〕將寶寶舉起並靠近你的身體，輔助手臂須持續固定寶寶（圖C）。

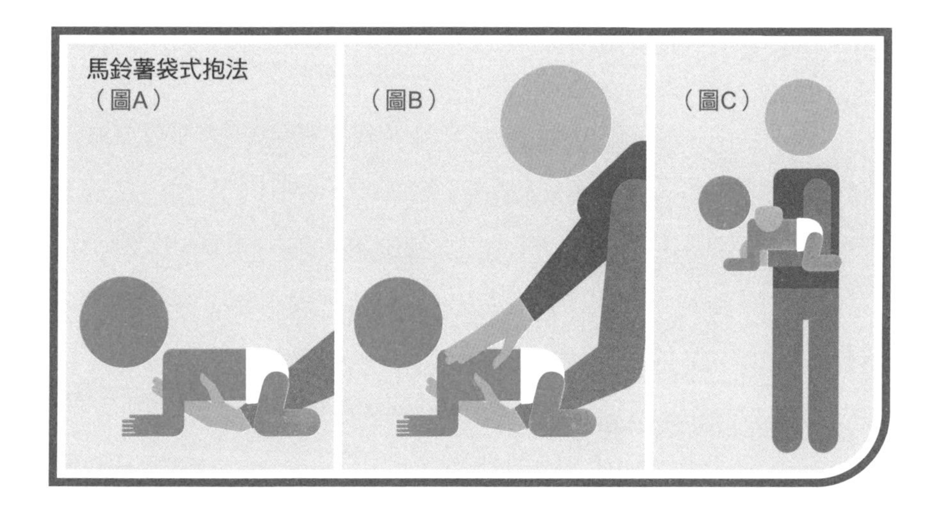

# 哭泣：寶寶聲控的困難排除

寶寶的聲音輸出系統，包含兩個肺部、聲帶和嘴巴，寶寶利用這些裝置來進行溝通。大部分機型的寶寶並未內建語言設備，因此，你寶寶第一次試著與你溝通時，可能聽起來毫無意義，這對新手使用者來說是很常見的謬誤，這樣的聲控暗示，我們稱之為哭泣，通常包含了許多想傳達給使用者的訊息。

寶寶會哭，可能是尿布濕或髒了，或者肚子餓、太熱或太冷、疲倦、脹氣、需要愛或安撫，或生病，有些機型會為了想聽到自己的聲音而哭。當你的寶寶機型哭泣時，哭聲的音頻和頻率，能夠提供我們線索來得知其中的含意，不同的原因會引起不同種類的哭聲。當我們找到哭泣的原因時，使用者應該要在心中記下這是哪類型的哭泣，以後同樣的哭聲出現時，你可以立即了解其原因。

尿布濕或髒了：當寶寶的尿布髒了的時候，使用者的嗅覺系統應能察覺，或是以人工檢查的方式，將一隻手指伸進尿布內感覺是否尿濕，必要時重新放置新尿布，並觀察哭泣是否停止。

肚子餓：寶寶一天之內可能會感覺饑餓約七到十次，此時要提供食物給寶寶，但在吃之前，可能需要一點時間讓他安靜下來。如果哭泣能夠停止，表示肚子餓就是哭鬧的原因。

太熱或太冷：大多數機型的寶寶感覺冷的時候，會比感覺熱的時候容易哭鬧，此時寶寶的內部溫度會升高，但並沒有警示系統可以提醒使用者。因此，要檢查寶寶衣著的狀況並適時調整，仔細觀察其他外部徵兆，來決定寶寶是否感覺太熱，注意皮膚是否潮紅且濕黏，不要給寶寶穿過多衣物。

疲倦：寶寶在哭鬧的時候，可能會揉眼睛、打哈欠或顯得昏昏欲睡，表示他需要進入睡眠模式。第四章將教你如何啟動睡眠模式。

脹氣：如果寶寶一直扭動或將腿往肚子方向舉高，表示在消化系統中有多餘的氣體。此時替寶寶拍嗝，或以能夠幫助排氣的姿勢抱寶寶。

愛或安撫：如果寶寶感覺獨處太久，或是過度刺激使他感覺困惑，這時寶寶需要主要使用者的擁抱和安撫，試著將自然或人工的安撫工具放入嘴部。

生病：如果寶寶正在生病，不舒服也可能引起哭鬧。先確認哭泣的原因不是上述幾點，如果哭泣持續不減弱超過三十分鐘，請諮詢寶寶維修員。

【注意】有時候，寶寶哭泣的原因很難發現並排除，請盡你的努力，了解其哭鬧的原因並保持冷靜。

# 安撫寶寶

有許多種技巧可提供給使用者來安撫寶寶。

〔1〕用包巾把寶寶包起來。參考下列的步驟，寶寶會因為包巾提供的溫暖和安全感而覺得舒服。

〔2〕將寶寶搖一搖。抱著寶寶坐搖椅、把寶寶放在吊床上，或只是簡單地抱著寶寶前後搖擺身體，規律的節奏可以穩定他的情緒。

〔3〕將寶寶晃一晃。以非常輕的力道，稍微左右搖晃。

【注意】絕對不要劇烈搖晃寶寶，晃動的力道要很輕且小心，劇烈搖晃會導致功能損害。

〔4〕對著寶寶唱歌。他的聽覺感應器對音樂的接受度很高。

〔5〕調整寶寶所在的環境。燈光或溫度的調整有助於停止哭鬧，可以考慮用推車或揹帶帶寶寶散步。

〔6〕放置自然或人工的安撫工具。

## 把寶寶包起來

包裹的方式，包括用毯子將寶寶緊緊地包起來，你的機型可能在感到溫暖和安全後會顯示已得到安撫，也可能因為突然失去活動力而感到挫折。試著利用下頁所列的技巧，來判斷你機型的反應。

【注意】包裹法是一種限制的方式，且侷限了寶寶的動能發展，在寶寶出生六十天後，不建議再使用全身包裹法。當寶寶長到這麼大以後，最好用不限制雙手活動的方法，像是改良的墨西哥捲包裹法。

## 快速包裹法

在最短的時間內，快速包裹法對使用者來說是很有效的方式，你需要用到能夠覆蓋寶寶全身的毯子。

〔1〕將正方形的毯子置於平面。
〔2〕將毯子的一角往下折至約你頭部的長度。
〔3〕將寶寶置於毯子的對角線上，摺角處要高於寶寶脖子的上緣（圖A）。
〔4〕拉起毯子的右側蓋住寶寶的身體，塞進左側寶寶身體的下方（圖B）。
〔5〕拉起毯子的左側蓋住寶寶的身體，塞進右側寶寶身體的下方（圖C）。
〔6〕將寶寶抱起，並將底部毯子的尾端塞進寶寶的腿和背部的下方（圖D）。

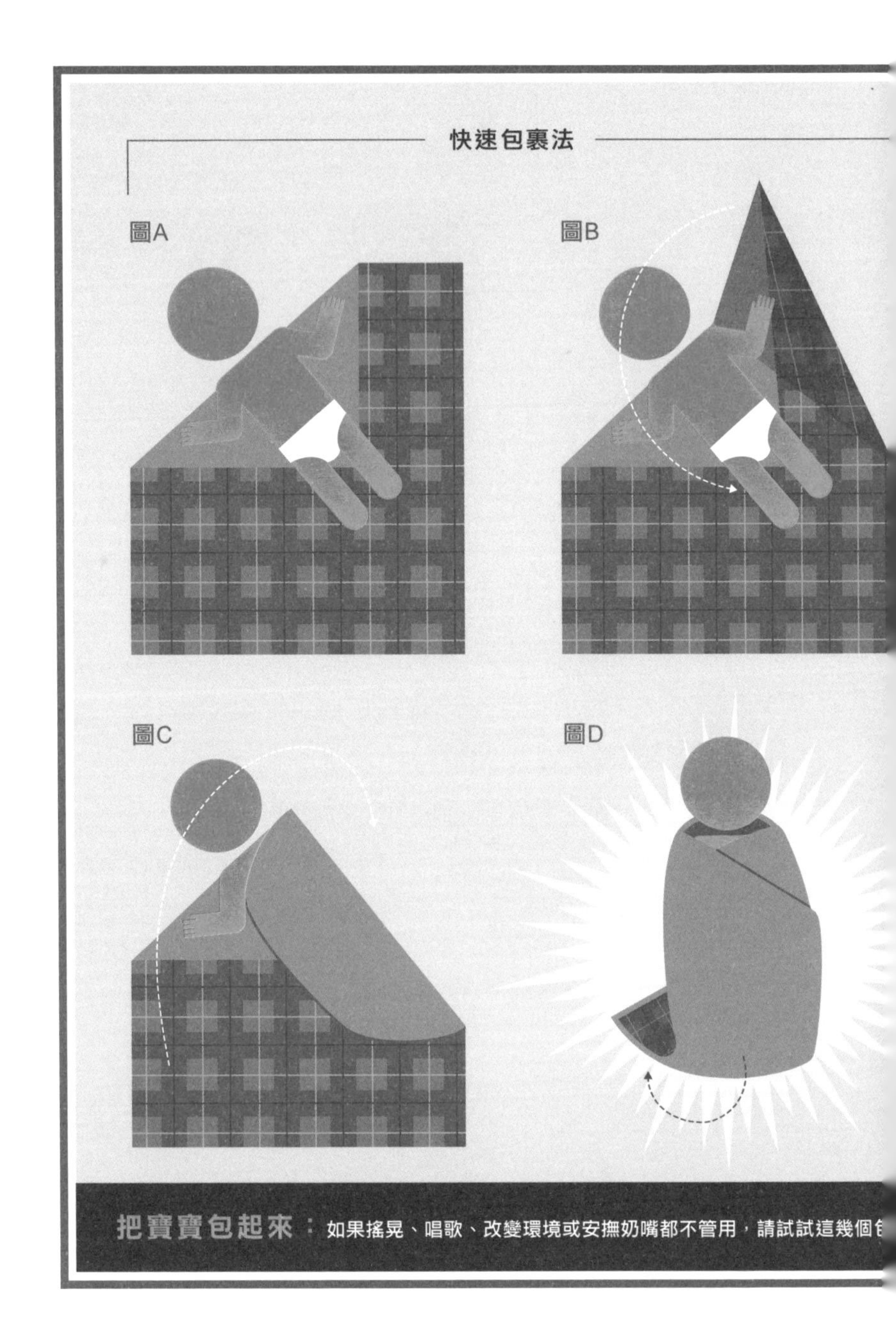
快速包裹法
圖A
圖B
圖C
圖D
把寶寶包起來：如果搖晃、唱歌、改變環境或安撫奶嘴都不管用，請試試這幾個

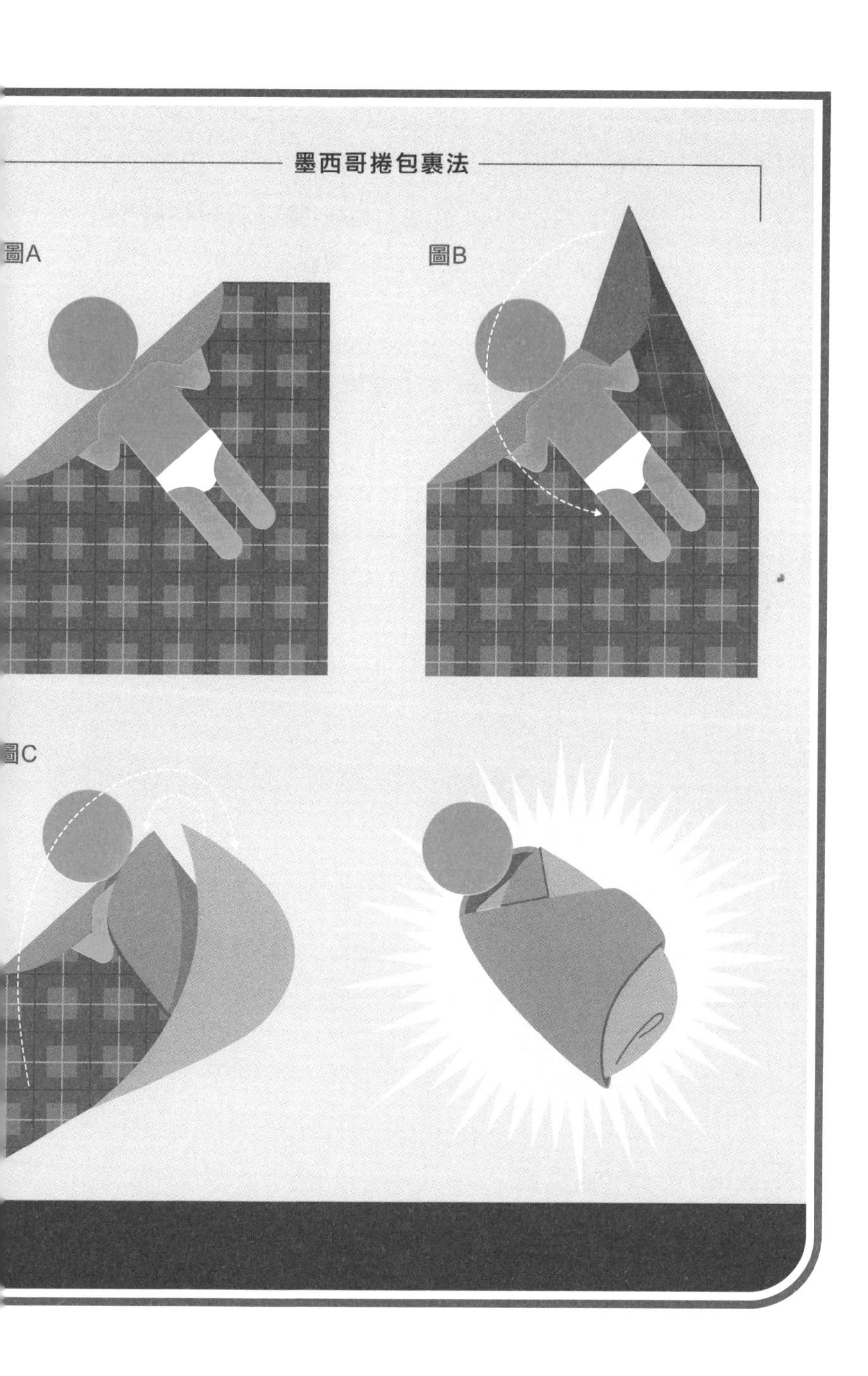
墨西哥捲包裹法
圖A
圖B
圖C

## 墨西哥捲包裹法

墨西哥捲包裹法比快速包裹法更具安全感（也能維持更久），如果以正確的墨西哥捲包裹法包好，寶寶看起來就像是一種麵皮裡包著肉或豆子的熱門墨西哥食物一樣。

〔1〕將正方形的毯子置於平面，大小要能覆蓋寶寶的全身。

〔2〕將毯子的一角往下折至約你手掌的長度。

〔3〕將寶寶置於毯子的對角線上，摺角處要高於寶寶脖子的上緣（圖A）。

〔4〕將寶寶的手塞進毯子的摺角內，此時雙手應該置於寶寶肩膀或臉的兩側（如果你的寶寶特別好動，你可以將毯子塞到寶寶的腋下，使其雙手仍可保持活動）。

〔5〕拉起毯子的右側蓋住寶寶的身體，塞進左側寶寶身體的下方（圖B）。

〔6〕將底部毯子的尾端拉起（朝向寶寶的頭），蓋住寶寶的腳和腿，然後與右側折起處重疊，將尾端塞進右上方的邊緣（圖C）。

〔7〕拉起毯子的左側蓋住寶寶的身體，塞進右側寶寶身體的下方（圖C）。

## 安撫用品的選擇與放置

許多使用者會放置安撫用品來安撫寶寶，大部分機型的寶寶能夠從吸吮安撫用品得到極大的喜悅。自然的安撫用品包括小指頭、指關節和大拇指，人工的安撫用品則是用乳膠或矽膠做成類似奶瓶奶嘴頭的形狀，在全世界的零售商店都可以買得到。不論自然或人工的安撫用品，都適用於各種機型的寶寶，也都不會造成長期的醫療或心理不正常運作。

【專家提示】注意乳頭混淆的跡象，人工安撫用品可能會造成寶寶忘記如何對著媽媽的胸部含乳。在決定性的前兩個月，我們建議你完全避免使用安撫用品，如果寶寶在接下來的幾個月出現混淆的現象，請你減少或停止安撫用品的使用。

## 自然的安撫用品

〔1〕將你的小指頭指甲剪短或磨平至沒有尖角，寶寶會很喜歡使用者的這根指頭勝過其他手指。

〔2〕徹底清洗你的手。

〔3〕將你的手心朝上，小指伸向寶寶，保持其他手指彎曲於掌中。

〔4〕將小指放進寶寶的嘴巴裡，只要頂端碰到寶寶口腔頂就好，手指能自然地置於上顎的彎曲處。

〔5〕讓寶寶吸吮你的小指頭，讓寶寶控制你的小指，但要維持在口腔頂的位置。

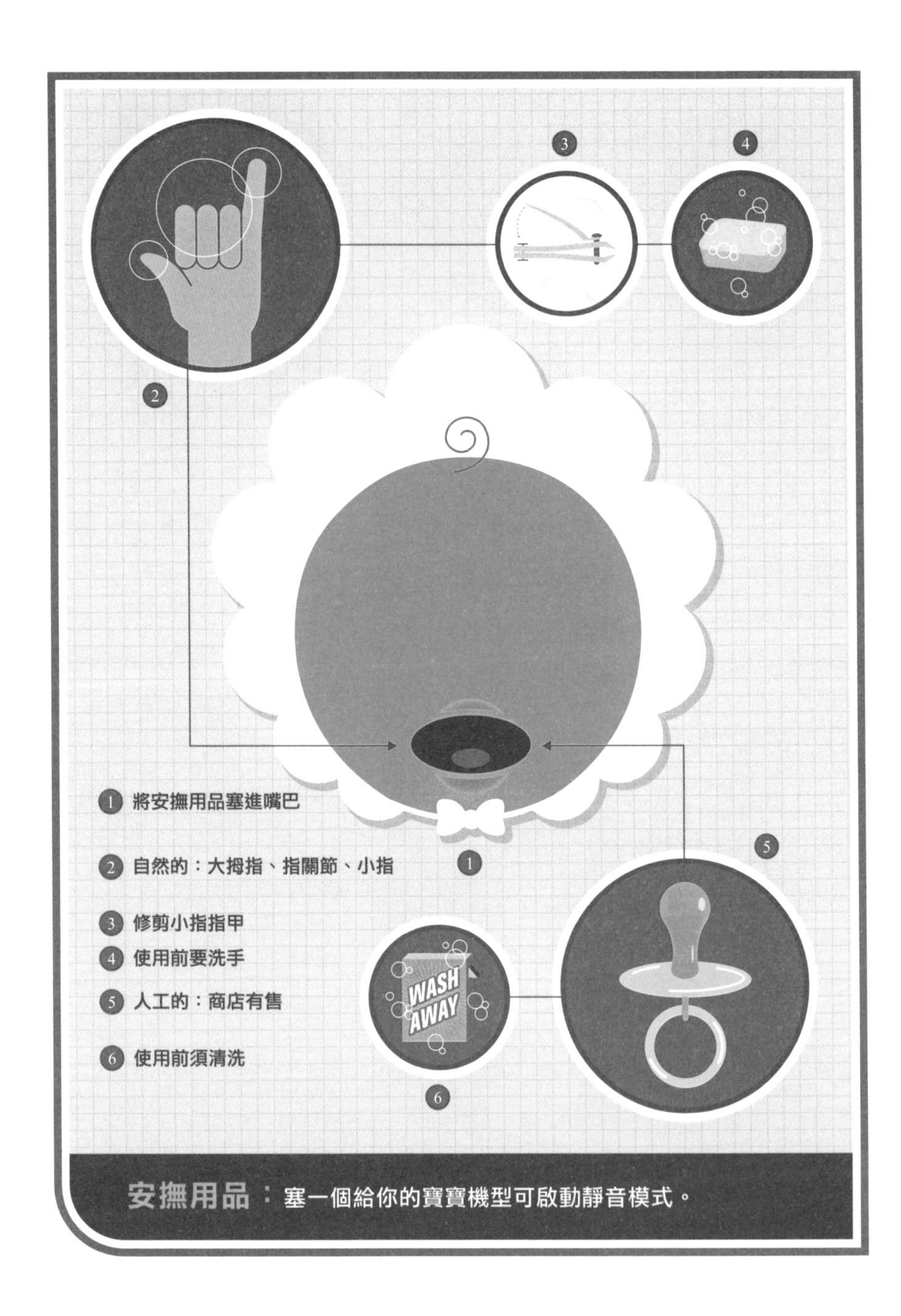

1 將安撫用品塞進嘴巴
2 自然的：大拇指、指關節、小指
3 修剪小指指甲
4 使用前要洗手
5 人工的：商店有售
6 使用前須清洗
WASH AWAY
安撫用品：塞一個給你的寶寶機型可啟動靜音模式。

【專家提示】當寶寶漸漸長大，鼓勵他用自己的手指或大拇指來當做安撫，如果他能學會這樣吸吮，不論到哪裡都能得到安撫。

## 人工的安撫用品

〔1〕從零售商店購買安撫奶嘴，奶嘴有各種形狀和尺寸，需經過多方嘗試才知道哪種最適合你機型的寶寶。

〔2〕消毒安撫奶嘴。將安撫奶嘴放進洗碗機或在沸水中浸五分鐘，用眼睛檢查有沒有水滲進塑膠奶嘴頭裡面，如果有，將水從奶嘴頭擠出來，或等到水分蒸發再給寶寶使用。

〔3〕將安撫奶嘴的頂端放進寶寶的嘴裡。

【注意】不要用繩子或帶子把安撫奶嘴綁在寶寶身上，會有窒息和被勒住的危險。

〔4〕多買幾個安撫奶嘴。一旦你已經找到你寶寶機型適用的奶嘴，建議你在嬰兒床放一個，尿布袋裡放一個，車上放一個，一個放你的口袋，並在家中其他地方也準備幾個備用。

〔5〕更換老舊的安撫奶嘴，特別是當奶嘴頭磨損的時候。

【注意】安撫奶嘴應該是在餐與餐之間用來安撫寶寶，而非用來取代喝奶。如果沒有適當的食物供給，寶寶會無法正常運作。

# 幫寶寶按摩

許多維修員認為按摩可以增強免疫系統、促進肌肉發展，並刺激寶寶的生長。按摩對於大部分機型的寶寶有鎮定的效果，並讓使用者和寶寶發展出更親密的依附關係。

使用者的手，是按摩時所需的唯一工具，以溫和的揉捏和輕柔的敲打動作進行，將寶寶面朝上，放置在穩固、平坦且舒服的平面上，將室溫調高，且若允許的話將寶寶的衣服脫掉。如果你要用油來按摩，請選用冷壓油，例如紅花或杏仁油。

〔1〕按摩寶寶的腿和腳。從大腿開始往下直到腳趾，每次只揉捏一隻腳。

〔2〕按摩寶寶的腹部。將你的手掌攤平、手指伸直，以畫圓的方式敲揉寶寶的腹部。

【注意】按摩寶寶的腹部，可能會刺激尿液或氣體的排出，在進行這項按摩之前，請在寶寶的下方舖上一條保護布巾。

〔3〕按摩寶寶的胸部。將手掌攤平、手指伸直，敲揉寶寶的胸部，從中心開始往外移動至手臂。

〔4〕按摩寶寶的手臂和手掌。從肩膀開始按摩至手指，每次只揉捏一隻手臂。

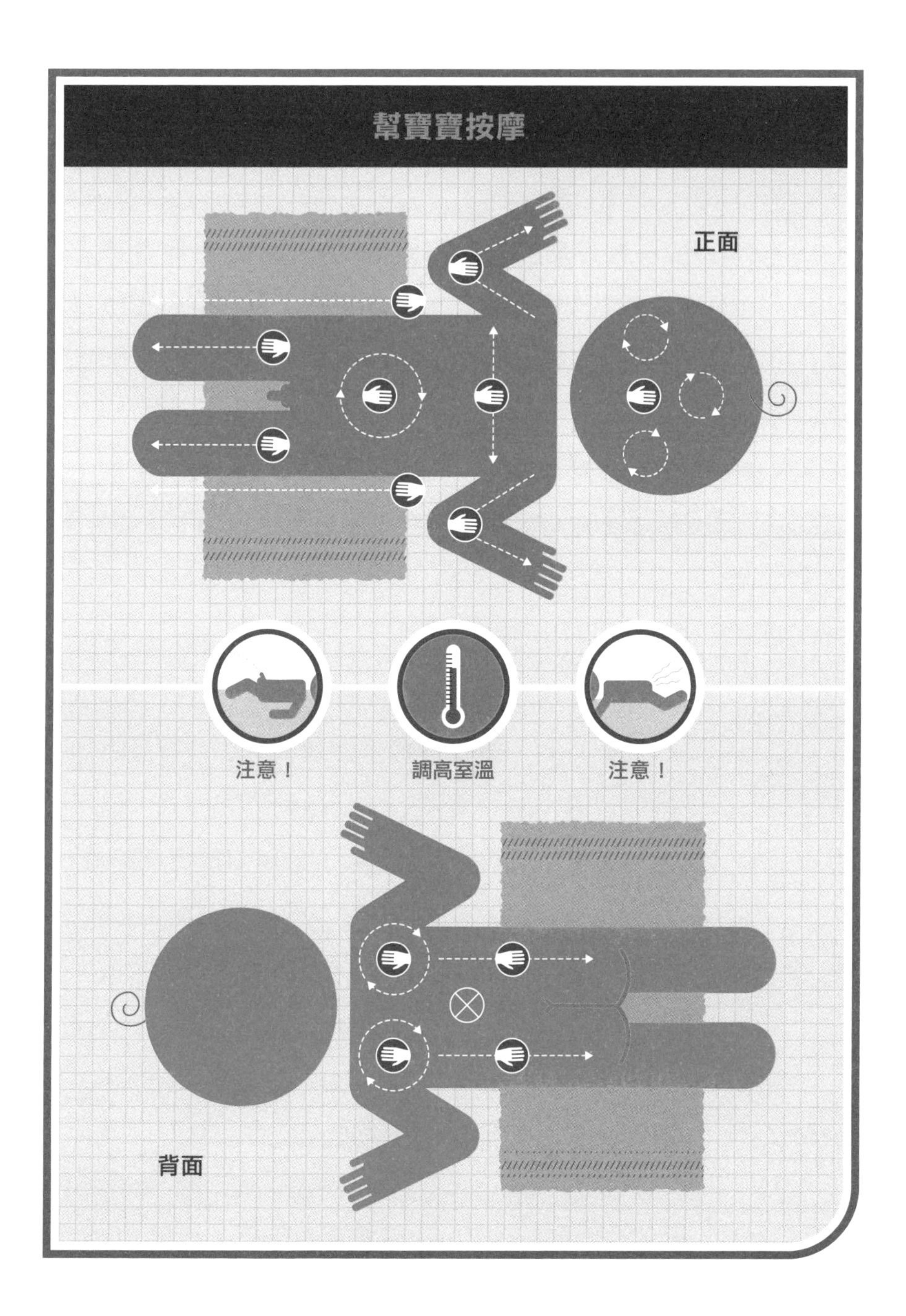
幫寶寶按摩
正面
注意！
調高室溫
注意！
背面

〔5〕按摩寶寶的臉。用大拇指畫小圈圈，然後用手指輕輕敲揉。

〔6〕將寶寶翻身肚子朝下，按摩寶寶的背部。從肩膀開始揉捏往下至背部兩側，避免按壓脊椎。

〔7〕按摩完成。幫寶寶翻身背部朝下，並用手指在他身體上下輕刷，這是暗示寶寶按摩已經結束；如果你沒有時間完成所有步驟，建議你最後一定要做這個完成動作。

【專家提示】嬰兒按摩課程通常由具認證的按摩講師來授課，你所在當地的醫院或社區中心能提供你更多的資訊。

# 跟寶寶一起玩遊戲

擁有頻繁的玩樂時間，對所有寶寶機型來說都是有益處的。這麼做有三面向的目的：讓寶寶開心、能啟動睡眠模式，以及教導寶寶如何與世界建立互動關係，要找時間經常跟寶寶玩遊戲。

## 音樂遊戲

遊戲時，強烈建議有音樂，它可以教導寶寶基本的節奏、律動和聲音，加速寶寶智力和創造力的發展。

〔1〕選擇一首適合的樂曲，可以採用搖籃曲或其他只有一兩種聲

音的旋律，選用的歌曲只要有簡單的節奏就好。

〔2〕播放音樂。

〔3〕跟寶寶一起隨著音樂起舞。抱著寶寶，並以適當的方式支撐其頸部和背部，搖晃你全身的肢體，讓寶寶也感受到韻律和節奏。

〔4〕對著寶寶唱歌。如果你不知道要唱什麼歌詞，就用嬰兒語代替吧！寶寶會很樂意加入的。

## 強化遊戲

有些玩耍的方式有助於寶寶某部分肌肉的運動，如此一來有助於其發展；適當的運動能夠強化寶寶的肌肉、促進寶寶的協調性，並增加寶寶的動作控制力。

【注意】使用者不需要把自己當成寶寶機型的私人健身教練，鍛鍊寶寶是沒有必要的。以下的動作，不過是強化他的肌肉成長和技能。

腹部運動：將寶寶面朝下放在地板上，請你躺在地板上他的旁邊，並說話吸引他的注意力。他對你的回應，將能強化其頸部、背部和腹部的肌肉；他可能會抬頭、轉頭、撐起身體看你，或是自己翻身。

坐立運動：「坐起來」這個動作，對許多寶寶機型來說都是好玩的，同時有助於增強腹部和頸部肌肉，使寶寶能夠早點自行坐立。請你先坐下，將寶寶面朝上躺在你的大腿上，頭靠在你的膝蓋，讓他的腿在你的大腿上伸直，將兩手分別放在兩側腋下，讓寶寶從腰部彎曲，使上半身直立；如果是年齡大一點的寶寶，可以改抓他的雙手和前臂往你身上拉，重複這個動作。

【注意】在寶寶一歲以前，不要只抓腳或手把他舉起，這可能會造成關節的無法作用。

站立運動：許多寶寶機型喜歡這個簡單的動作，因為他們可以直接看你的臉而且玩自己的腳，同時有助於增強腿和背部肌肉。請你坐下，並讓寶寶坐在你的大腿上面對你。如果是年紀小一點的寶寶，將你的手置於其腋下，將寶寶舉起至站立的姿勢，然後再放下至坐姿；若是年紀稍大的寶寶，改扶腰部將其舉起，將寶寶舉高至站姿，再將他放下。

## 選擇玩具配件

對一個月大的寶寶來說，玩具配件的使用並不一定是必要的，但是隨著寶寶越來越懂事，玩具對於智能刺激來說就越發重要。選擇適合寶寶年齡的玩具，並遵循製造廠商的使用方式，寶寶對於什麼是危險還不太了解，所以避免用有尖角或有鬆動與小零件的玩具，是很重要的。選擇能給予寶寶刺激的玩具，最好能夠吸引寶寶兩種或以上的基本感官（視覺、聽覺、觸覺、味覺和嗅覺），像是選擇有內頁有毛皮的書，或有香味的玩具。

## 第1個月適用的玩具

黑白旋轉鈴：在嬰兒床的上方安裝一個有黑白形狀的旋轉鈴，剛好手碰不到的距離（約距嬰兒床床墊30-38公分）。在剛出生的前幾週，寶寶對黑白形狀物體比彩色的更具正面反應。

音樂播放器：利用收音機、隨身聽、數位音響或音樂盒，讓寶寶接觸音樂。研究顯示，輕快、平緩和具旋律性的音樂，例如搖籃曲，對寶寶最為適合。

填充動物：寶寶常常會將這些玩具誤認為活生生、有呼吸的玩伴（特別是如果這隻玩偶有大眼睛），這個技術性的小毛病，通常在七到十二歲的時候會消失。

## 第2到6個月適用的玩具

【注意】要確認玩具是安全的。這階段所有機型的寶寶開始會把東西塞進嘴裡，要注意所有的玩具是堅固的、縫合緊密，並且沒有任何鬆動、小的零件，定期檢查所有玩具，以確保其達到這樣的標準。

遊戲墊：在寶寶用品店就可以買到的配件。遊戲墊就是有多種顏色、圖案和懸掛玩具的地墊，可以幫助寶寶學著如何拍打，最後能夠碰到這些他感興趣的東西。

書本：選用能啟發寶寶所有感官的書，厚紙書、布書和泡綿書，都是能讓寶寶對閱讀產生興趣的有用工具。讓他隨意翻閱這些書本，不論是看書、聞書或咬書。

樂器：許多寶寶喜歡彈奏和聽音樂，小型的鼓或鈴噹（沒有尖銳的邊緣），可以開啟寶寶的聽覺感應器。

旋轉鈴：到了六個月的時候，寶寶已經能夠看見顏色和複雜的形狀。為了幫助發展他的視覺，請選用有特殊形狀和顏色鮮明的懸掛鈴或旋轉鈴，把黑白旋轉鈴換成彩色的，並懸掛在寶寶的嬰兒床上，或是其他寶寶可以躺下的地方。

手搖鈴、擠壓有聲的玩具和球：當寶寶發展到能夠抓取並操控物體的時候，給他一個小型的手持玩具來加強這些技能。會發出聲音的玩具，能教導寶寶因果發生的原則。

摔不破的塑膠鏡子：將鏡子放在尿布檯旁，或牢牢地綁在嬰兒床的一側，讓寶寶每天有幾分鐘能夠娛樂和意識到自我的存在。

【專家提示】最好（和最便宜）的寶寶玩具，是每天家中會使用的物品，例如湯匙或杯墊，這些物品對你來說可能十分熟悉，但對寶寶來說是很新奇的。選擇放不進寶寶嘴裡，沒有鬆動的零件、尖銳的邊角或有窒息危險的物品。

## 第7到12個月適用的玩具

球：寶寶可能會想試試看球的味道，所以要確定球的大小無法放進寶寶的嘴裡（而且不會輕易地被咬下一塊零件）。當寶寶快十二個月的時候，他可能會開始滾球或把球丟向你。

洗澡玩具：可以浮起、裝水、噴水或吸附在浴缸邊的橡膠製品，讓寶寶可以在洗澡時獲得樂趣。

積木：木製和塑膠製的積木，可以幫助寶寶學習如何放置跟堆疊物品。許多機型的寶寶喜歡把堆好的積木擊倒再堆起來，這是正常的。

木偶或填充玩偶：用玩偶演一齣戲，或讓這些玩偶朋友唱歌跳舞，都是能夠娛樂寶寶的方式。

拉繩玩具：這種玩具通常拉了繩子後就會有一些動作表現，玩這類型的玩具，可以教導寶寶基本的因果概念。在寶寶玩這類有拉繩的玩具時，一定要時刻注意，因為寶寶可能會把繩子或拉繩上的牌子吞下。

助步車：一旦寶寶已經強壯到能夠扶著家具站起，並在有支撐的狀況下行走數步，許多使用者在這時會購買助步車。這類有輪子的器具，能夠提供寶寶初次行走時的支撐。助步車可以是小貨車、推車椅，或任何寶寶能夠攙扶在地上推行的東西，而學步車（螃蟹車）則不建議使用。

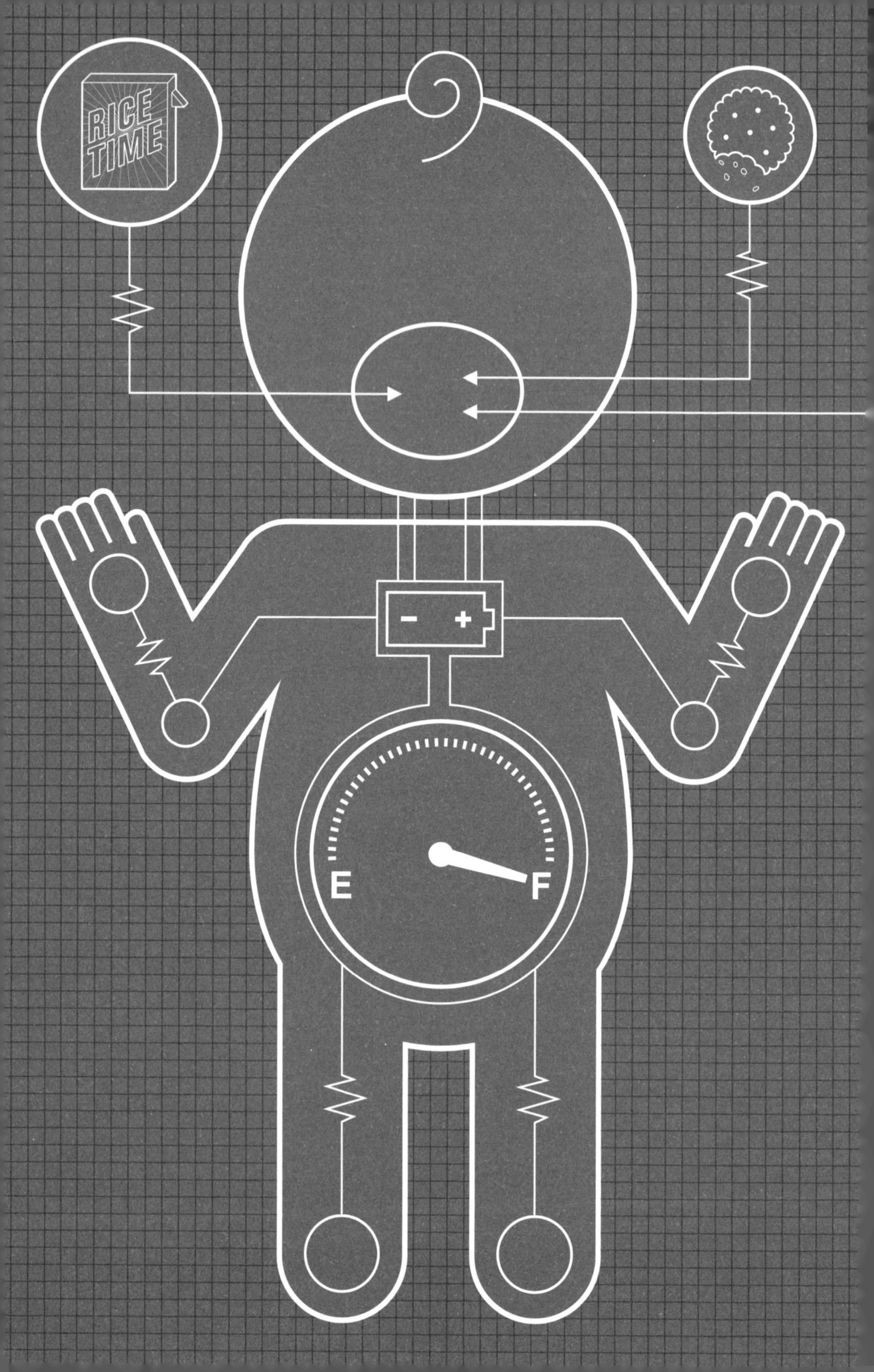
RICE TIME
E
F

第三章

# 哺餵：了解寶寶的動力供給

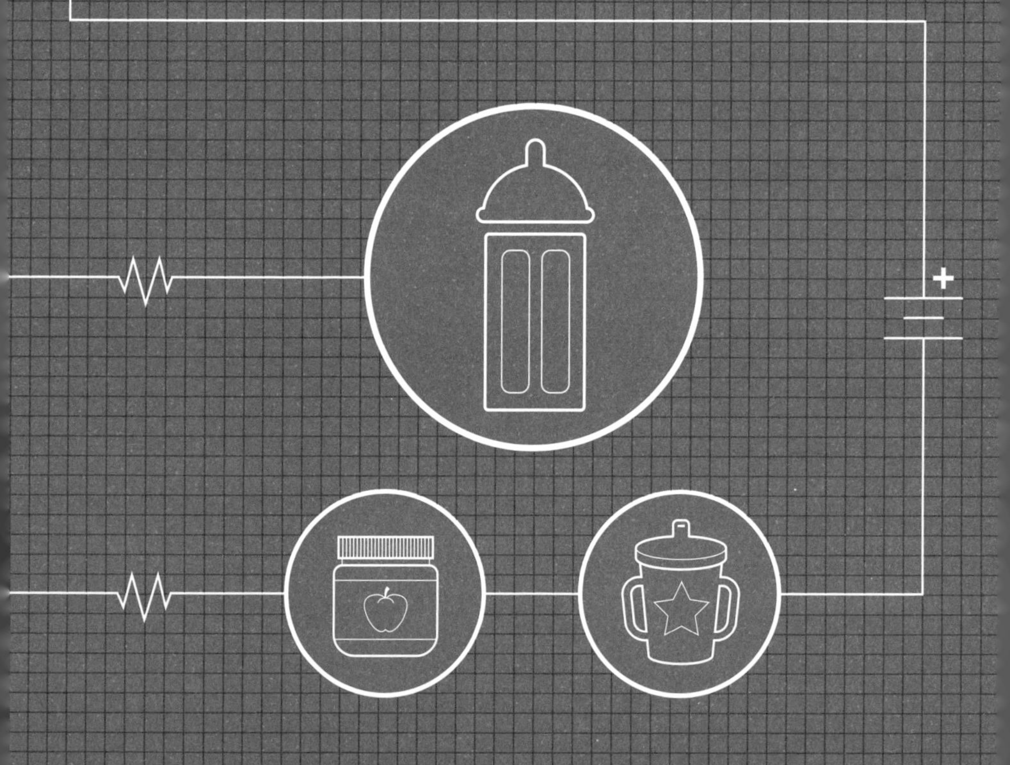

# 建立寶寶的餵奶作息

並沒有絕對的指導手冊能告訴我們寶寶應該攝取多少食物，每個機型的寶寶都是獨特的，且有其個別的需求。然而大量的研究指出，大多數的新生兒每隔三到四小時可餵食59-88ml；這個慣例可能因健康、活動力、生長爆發期甚至是室外氣候狀況，而有所變動。當寶寶越來越大，所需的餵奶次數會減少。

## 寶寶餵食量的判斷，第1個月

為了確保餵奶的作息適合你的寶寶，注意以下三個判斷方法。

體重增加：寶寶出生頭一週（在此期間寶寶體重會較出生時減少十分之一）之後，新生兒一天會增加28g的體重，如果寶寶的體重符合這個計畫量，你可以認為寶寶攝取了足夠的食物。記錄寶寶下一次與維修員進行門診前增加的體重量，如果寶寶的體重符合或接近這個計畫量，他的食物獲取量應該是正確的。

生理暗號：寶寶內建的「覓乳」反射，可以幫助你判斷寶寶的食欲；如果寶寶肚子餓，他會啟動覓乳反射——他的嘴巴會打開，看起來好像在尋找食物一般。

尿布：大部分得到足夠餵食的寶寶，每天應該有六到八片尿溼或髒的尿布。

## 寶寶餵食量的判斷，第2至6個月

在每個寶寶機型第二到六個月的時候，母奶或配方奶的餵食將更有規律。在第四個月的時候，寶寶可能已經準備好接受簡單的固體食物，例如米精，但許多使用者這時並不會停止哺餵母乳。沒有明確的指導手冊告訴我們，寶寶該吃或不該吃的量有多少，大部分機型的寶寶每天吃八餐，隨著年齡增加，餐數減少。如果你關心寶寶的食物攝取量，請注意以下三個判斷方法。

體重增加：在這段期間內，寶寶每天約增加14-28g的體重。記錄寶寶下一次與維修員進行門診前所增加的體重量，如果寶寶的體重符合或接近這個計畫量，他的食物攝取量應該是正確的。

生理暗號：寶寶的覓乳反射會進化為更具目的性的食物探索，寶寶可能會試著含住你的手臂不放，或吸吮自己的手指來表達飢餓。也就是說，更容易判斷寶寶什麼時候肚子餓；在這段期間，寶寶可能大約每三到四小時，就會向使用者暗示想要食物。

尿布：監測寶寶的尿布，以確認是否所有的食物皆已適當地消化。當寶寶開始吃固態副食品，排泄物會變硬，而且隨著食物的顏色改變。

## 寶寶餵食量的判斷，第7至12個月

在第七到十二個月之間，寶寶開始在固定的時間想吃東西。雖然寶寶首要的食物來源仍是母奶或配方奶，但應該開始以各類的副食品加以補充：果泥、蔬菜，以及手抓食物、肉類和其他蛋白質。

到了第七個月的時候，使用者對寶寶需要多少食物會有比較清楚的概念。如果你關心寶寶的食物攝取量，請注意以下三個判斷方法。

體重增加：寶寶每天約增加14g的體重，代表生理運作和食物攝取正常。

生理暗號：到了這個時期，你對於寶寶的生理暗號——哭泣、咬東西和試著要「吃」手，應該非常熟悉及明顯，而且寶寶想吃東西的時間應該開始跟大人的用餐時間一致（但在餐與餐之間，寶寶仍需要額外的點心）。

尿布：當寶寶持續接受副食品，其排泄物會變硬且跟食物的顏色一致。髒的尿布，可以繼續當作判斷食物是否確實消化的指標。

【專家提示】一般來說，寶寶除了副食品以外，每天約需攝取四到六次、每次177-236ml的奶類。

# 需求式餵食與彈性作息式餵食

許多使用者利用下列一種或兩種技巧，來決定寶寶機型是否需要食物。

需求式餵食：所有寶寶機型皆配有生理暗號，可表達需要更多的食物。這些信號包括（但並不僅限於）哭泣、尋乳和吃手，採用「需求式餵食」的使用者，在接收到這些信號時便給予食物。
彈性作息式餵食：寶寶超過三個月以上的使用者，偏好使用此法。彈性作息式餵食，就是每隔二到三小時提供食物（按照寶寶的睡眠習慣、生長狀況和健康來調整），此法有助於使用者建立每天的作息。

# 母奶與配方奶：選擇寶寶的食物來源

寶寶的第一項食物可能是母奶或配方奶，小兒科醫師、護士、助產士和其他寶寶照護領域內的維修員，都認為人奶是優質的食物來源且有助於寶寶各方面的發展。

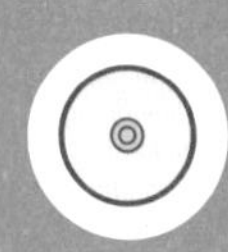

## 母奶

| 優點 | 缺點 |
| --- | --- |
| 較便宜 | 媽媽有被寶寶「困住」的感 |
| 現成的 | 媽媽睡眠不足 |
| 最自然的哺餵法 | 餵奶次數較多 |
| 提供抗體和其他珍貴的酵素 | 爸爸感覺被排除在外 |
| 加強母子親密關係 | |
| 有助於產後子宮收縮 | |
| 有助於安撫寶寶 | |

然而，有些使用者無法親餵母奶，或認為這個作法不可行，可考慮其他選項，並選擇最適合你的方式。

## 配方奶

| 優點 | 缺點 |
| --- | --- |
| 任何人都可以餵奶 | 配方奶中沒有抗體 |
| 餵奶次數較少 | 較昂貴 |
| 容易估算進食量 | 所需用具較多 |
| 旅行時較容易餵食寶寶 | 需要較多準備工作 |
| 媽媽不需注意用藥或是飲食 | |

# 親餵寶寶

男性家長的胸部與寶寶的進食系統並不相容，如果你是男性家長，建議你仔細閱讀完後，將本章節轉交女性家長來閱讀。

## 親餵的基本概念

寶寶幾乎是與生俱來能夠馬上喝母奶的直覺和技巧，但另一方面，寶寶主人則需要額外的訓練。首先要認識以下的詞彙。

初乳：在寶寶出生第一天開始，胸部會製造濃稠、橘黃色的液體，初乳富含抗體、蛋白質和保護性的必需物質。

前乳和後乳：每次餵奶的時候，胸部會轉換兩種不同的母奶：剛開始，寶寶喝的是前乳——稀薄、水狀的液體可滿足寶寶的水份需求；接下來出現的是後乳，較濃郁、濃稠，對寶寶的健康和成長很重要。

溢乳反應：當寶寶開始喝奶，哺乳媽媽會自動啟動溢乳反應，身體會釋放賀爾蒙，來刺激製造母乳並從乳頭流出。請注意，有些媽媽從未發生溢乳反應——這是正常的。

脹奶：母親的乳房會提前充滿奶水，以配合餵食作息，可能會造成不舒服的脹奶現象。使用者可以利用餵食寶寶、溫或冷敷或擠奶器，來舒緩脹奶的壓力。

【專家提示】如果你利用擠奶器來紓解脹奶，每次不要擠超過29ml，擠出越多，身體反而會製造更多奶水。

## 必備的親餵配件

以下的配件能使親餵更為容易，所有東西都在你當地的零售商店可以買到。

哺乳枕：這款特殊設計的枕頭，能夠環繞住媽媽的身體，有助於餵奶時支撐寶寶的身體。

懸掛式揹帶：有些使用者認為，肩掛式揹帶能夠在餵奶時提供有效的支撐。

舒服的椅子或搖椅：適合媽媽體型和坐姿的椅子，有助於提升餵奶時的舒適，許多使用者還喜歡加上一把靠腳椅。

哺乳衣和哺乳內衣：重疊式開口的哺乳衣，會比鈕扣式更方便餵奶；哺乳內衣也可以幫助餵奶的便利性，並有助於餵奶後的乾爽保護。請在開始有母奶後才購買內衣，因為胸部的尺寸會有變化。

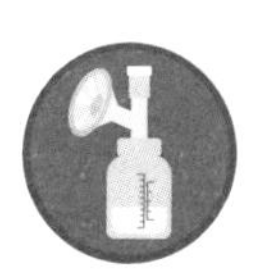

擠奶器和耗材（選購）：擠奶器是以手動或電動的方式，將母奶從使用者身上擠出的設備。擠奶器使女性家長能夠從頻繁的哺乳中獲得休息，並給予男性家長

餵食寶寶的機會。這項配件所費不貲，你可以選擇從寶寶維修員或當地的醫院租借。這套設備必須配合儲奶瓶和儲奶袋使用，並需另備奶瓶和奶嘴。

## 如何在哺乳期間正確飲食

母奶的組成，因媽媽吃下何種食物而有所改變。為了讓寶寶從健康飲食中獲得好處，以確保成長的巔峰表現，請遵循以下規則。

〔1〕調整你的卡路里攝取量。建議使用者每日多攝取300至500卡路里，可諮詢你的寶寶維修員，來判斷你和你的寶寶機型是否有此需要。

〔2〕均衡的飲食。包括（但不僅限於）每日多份全穀類、穀類、水果、蔬菜和乳製品，還要有大量的蛋白質、鈣質和鐵。

〔3〕避免香菸、咖啡因和酒精。研究顯示，在哺乳期間抽菸與嬰兒猝死症有直接相關；適量的咖啡因是可允許的，但需依狀況計畫性攝取——在哺乳後才攝取咖啡因，可確保在下次餵奶前，咖啡因已經排出你的體外。酒精的攝取也需要類似的規畫，但建議你避免啤酒、葡萄酒和雞尾酒。

〔4〕有些使用者對辛辣食物採謹慎的態度。有些寶寶機型對含有咖哩、大蒜或薑味的母奶，可能不大喜歡，但有些寶寶可能根本

沒注意到，吃這些食物的時候要特別小心，並注意你寶寶機型的反應。

〔5〕如果寶寶有腸絞痛的話，避免會脹氣的食物。

〔6〕向寶寶維修員諮詢有關維他命、藥物和營養品的補充。許多使用者在哺乳期間仍持續補充孕期的維他命，在攝取任何營養品或處方藥品前，一定要與寶寶維修員進行確認。

〔7〕每天至少喝1.9L的水。

〔8〕避免減重飲食。

【注意】如果你選擇開始進行減重飲食，請向維修員諮詢，以確保寶寶能獲得適當的營養，避免減肥藥和一周減少一磅。保持健康的飲食並輔以運動，等到寶寶出生至少六週後再開始減重。請注意，大部分的女性使用者在生產完十到十二個月之後，才會恢復生產前的體重，並請注意哺餵母奶每天可多燃燒300卡路里。

〔9〕注意過敏反應。如果寶寶表現出放屁、拉肚子、紅疹或躁動不安的症狀，他可能有食物過敏。從你的飲食中減少乳製品的攝取，兩週後觀察寶寶的狀況是否改善；如果有，請將這樣的現象告知寶寶維修員。

# 哺乳姿勢

使用者親餵寶寶的姿勢有很多種，下列為三種最常見的姿勢，有經驗者可將這些姿勢稍做調整，以達到餵奶時的舒適。

【專家提示】許多使用者會在餵奶前脫掉自己跟寶寶的衣服，肌膚的接觸增加，有助於刺激哺乳反應和母奶的產出。

## 搖籃抱姿

通常稱為「通用式」抱法，對新手使用者來說，是最容易維持的姿勢（圖A）。

〔1〕坐在一張舒服的椅子上，以枕頭支撐你的手臂、背部和寶寶的體重，若有需要，把腳放在踏腳凳上。

〔2〕支撐寶寶，使其頭部靠近你欲哺餵的那一側乳房。

〔3〕讓寶寶轉向面對你，你的胸部會在寶寶臉的正前方。

〔4〕將寶寶的手臂收緊，避免他亂動。

〔5〕引導寶寶含乳。

## 橄欖球抱姿

這種抱法常見於接受剖腹產的媽媽，因為可以避免寶寶躺在傷口處。其實這種抱法不論生產方式為何，皆適用於任何機型的寶寶（圖B）。

〔1〕坐在一張舒服的椅子上，在手臂下方塞進枕頭，並把腳放在踏腳凳上。
〔2〕將一隻手臂滑進寶寶的身體、後背和頭部下方，此時他的腳會在你的側身和手臂之間。如果你是用左邊的胸部餵奶，就用左手；若是用右邊的胸部餵奶，則改用右手。你的手臂要支撐住寶寶的頭部和頸部。
〔3〕將寶寶的身體轉向面對你。
〔4〕將寶寶的身體緊貼你的腋下。
〔5〕鼓勵寶寶含乳。

## 臥姿

這種姿勢常用於夜間餵奶，對因餵奶而疲累的媽媽來說，很有幫助（圖C）。

〔1〕躺下。如果你想用左邊胸部餵奶便向左側躺，若是要用右邊的胸部餵奶則向右側躺。
〔2〕在身體的後方、頭部和兩膝之間各放一個枕頭。
〔3〕將寶寶放在胸部旁邊，此時他的臉應面向你的身體，並與你的胸部等高。

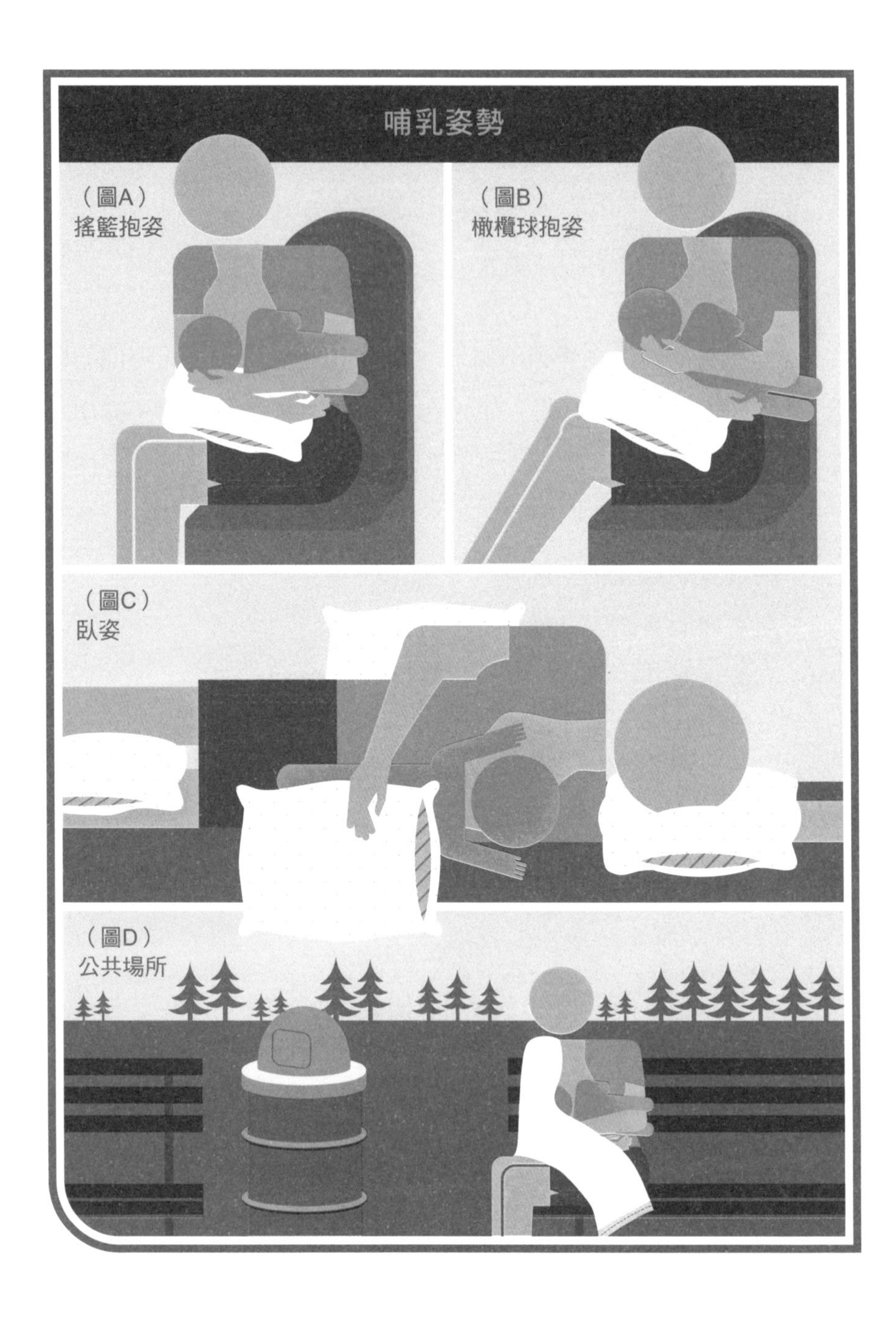
哺乳姿勢
（圖A）
搖籃抱姿
（圖B）
橄欖球抱姿
（圖C）
臥姿
（圖D）
公共場所

〔4〕在寶寶的背後放一個枕頭，以便維持他與你的身體緊貼。

〔5〕引導寶寶含乳。

## 在公共場所哺乳

於公共場所哺乳，在大部分的地方是可以接受的，利用以下的技巧，讓你對這樣的行為感到更自在（圖D）。

〔1〕找一個安靜、舒服的地方。如果你在室外，找一個人少的地方，最好有張長凳或椅子；如果你在餐廳或百貨公司，詢問服務人員或銷售員，是否有隱密的區域或房間可供使用。

〔2〕使用搖籃抱姿或橄欖球抱姿。用一塊毯子蓋住寶寶和你的肩膀，就像帳篷一樣，蓋住寶寶的頭和你露出的胸部，毯子不應太厚或是太接近寶寶的臉。

〔3〕開始餵奶。

〔4〕用毯子蓋住你的胸部和寶寶的身體，並幫寶寶拍嗝。

〔5〕當你準備好換邊餵奶時，將毯子拿下。

# 含乳

正確的含乳，對良好的哺餵是很重要的。若你的寶寶機型和你的乳房之間發生含乳不全，將會造成無效率的餵奶、沮喪和常見的哺乳疼痛。

〔1〕讓寶寶面向乳房。這可以讓寶寶清楚地看到食物的來源在哪裡，寶寶的身體應該從頭到腳呈一直線。

〔2〕啟動寶寶的覓乳反射。用手指輕敲寶寶臉頰，寶寶應該會往受刺激的那一邊轉，嘴巴會打開，準備接受食物（圖A）。

〔3〕將寶寶的頭和身體往乳房的方向抬起。要記得是以寶寶就乳房，而不是以乳房就寶寶。

〔4〕將寶寶的嘴緊貼住乳頭和乳暈。正確的含乳會讓寶寶和乳房緊貼（圖B），寶寶的下唇應該外翻；如果他只含到乳頭和（或）部分乳暈，媽媽會感到疼痛（並且較無法滿足寶寶）。

〔5〕一旦寶寶已經含乳，將他的整個身體轉向你，依照你的姿勢，利用一些枕頭來增加支撐。

〔6〕寶寶應會自動開始喝奶。當寶寶喝奶時，他的耳朵會動，且你會聽到吞嚥聲。

〔7〕若要中斷含乳，將一隻指頭伸進寶寶的嘴巴來中斷吸吮，並將乳房移開；如果媽媽想要換邊餵奶，或是含乳不順時，重複步驟1到6。

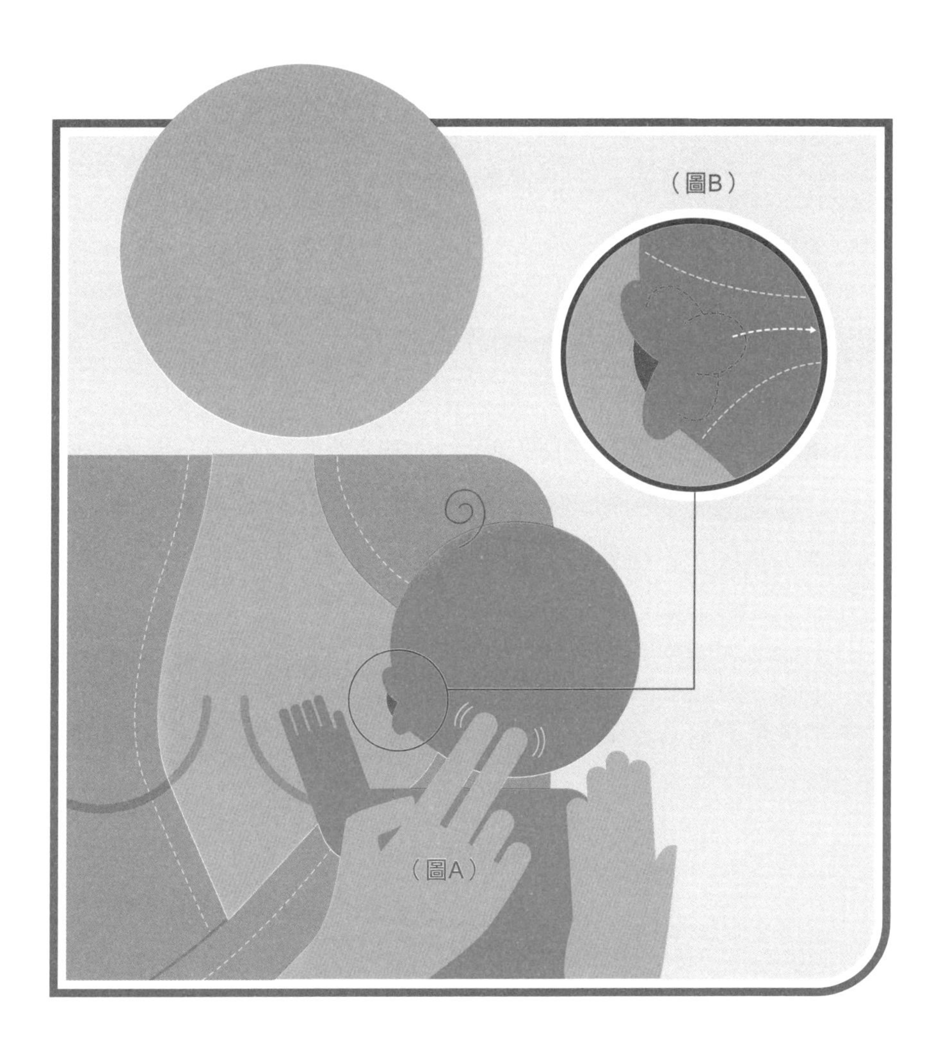
（圖B）
（圖A）

【專家提示】在餵奶的時候絕對不要碰觸寶寶的後腦，這會誘發寶寶的後仰反射，可能對乳房造成傷害。扶住寶寶的後頸耳下的地方，這樣你的手可以做為寶寶的頸部支撐。

## 換邊餵奶與適當的哺餵頻率

理想的狀況，是寶寶白天應該兩側乳房吃的時間一樣多，但花在每側乳房確切的時間，會因機型和哺餵狀況而有所不同，許多因素（包括生長爆發期、頻率和餵奶態度）都會影響哺餵時間的長短。一般來說，我們建議採用以下方式。

【專家提示】如果你的母奶量對寶寶來說不夠，試著增加餵奶的頻率，乳房接受到更多的刺激，就會製造更多母奶。要在母奶以外添加配方奶前，請諮詢寶寶的維修員。

〔1〕每次餵奶時，使用前次餵奶最後使用的那側乳房。在你的胸罩上貼紙條或別上安全別針來做記號，或是直接寫在筆記本上，此舉有助於平衡你的母乳量。許多機型的寶寶會在開始餵奶的那側，花較多時間吸吮。

〔2〕讓寶寶在第一側乳房吸吮至少十至十五分鐘。大部分的母奶——不論是前奶或後奶，都應可在這段時間被吸出，餵食寶寶

直到他鬆開乳房。

〔3〕幫寶寶拍嗝。

〔4〕餵寶寶吸吮另一側的乳房，並讓他想吸多久就吸多久。

〔5〕幫寶寶拍嗝。

〔6〕如果有需要，置放乾淨的尿布。

〔7〕記得最後使用的是哪側乳房。

【專家提示】通常新生兒在餵食第一側乳房時（或是之後）會馬上睡著，為了喚醒寶寶繼續餵食，可以試著放置尿布，或是輕敲寶寶的腳或背。

# 瓶餵

用奶瓶給寶寶餵奶，對許多使用者來說很方便且容易上手。親餵的使用者可以把母奶擠出來，然後交給其他除了媽媽以外的人來餵食；沒有哺餵母乳的人，則可以用這種方便的容器餵寶寶喝配方奶。要選擇摔不破的奶瓶，最好是靠近奶嘴的地方有點傾斜，這可以避免過多的氣泡堆積在奶嘴處。

## 清洗奶瓶

為了避免寶寶受到感染，前六個月必須每天徹底地清洗餵奶器具。當寶寶已經超過六個月，每天用肥皂和水清洗並每周消毒；所有的器具都要消毒，包括奶瓶、奶嘴頭、儲奶瓶和蓋子。

〔1〕用肥皂和溫水徹底清潔你的手。

〔2〕清空並清洗所有的餵奶器具，用肥皂、溫水和刷子，徹底地清洗每個零件並沖乾淨。

〔3〕將所有的用品放在裝有熱水的大鍋子裡。

〔4〕將水和用品煮沸至少十分鐘，打蓋鍋蓋以免用品融化。

〔5〕將鍋子從爐火移開。

〔6〕取出用品、瀝水並自然風乾。

## 以配方奶哺餵寶寶

配方奶的品牌跟種類很多，大部分廠牌是以牛奶為基底，然後加工成適合寶寶的配方；有些配方奶則是以豆漿為基底。

### 配方奶的選擇

大部分市售的配方奶，會以下列的形式出現，選擇最適合你生活型態的方式來使用。

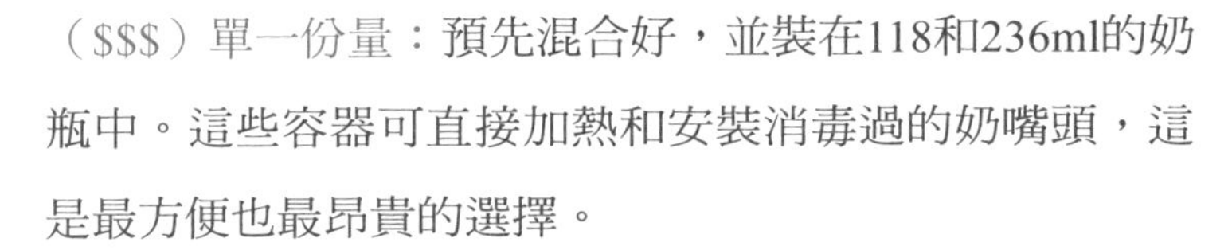

（$$$）單一份量：預先混合好，並裝在118和236ml的奶瓶中。這些容器可直接加熱和安裝消毒過的奶嘴頭，這是最方便也最昂貴的選擇。

（$$）液體配方奶：裝在鐵罐中，將液體配方奶倒在消毒過的奶瓶中，並在餵食前加熱。這個方法稍具簡便性，且價格合理。

（$）混合式配方奶：有鐵罐或是單份包裝。混合式配方奶是高濃縮的粉狀（或液狀），需要與煮沸過的水混合；粉狀的可以先用空的容器量好份量儲存且不會腐壞，等到使用者需要時再加水，這個方法很適合旅行使用。混合式配方奶比其他種類的配方奶需要多一點步驟，但也是最便宜的方式。

## 溫熱混合式配方奶

將配方奶視需要混合，在餵食前，不要過早將配方奶預先泡好。

〔1〕在乾淨的小鍋中加熱少量的水，直到煮沸，依照配方奶包裝上的指示來決定加多少水。有些使用者會用無菌水，在婦嬰用品店可以買到，使用這種水則不需煮沸。

〔2〕徹底清潔你的手。

〔3〕讓水冷卻，直到溫度比體溫稍高。

〔4〕將所需份量的水倒進奶瓶。

〔5〕加入配方奶。

〔6〕裝上奶嘴頭。

〔7〕搖晃奶瓶使其混合，將一隻手指（或奶瓶蓋）蓋住奶嘴孔，搖到沒有結塊為止。

〔8〕試試看配方奶的溫度。滴幾滴奶在你的手腕內側，配方奶的溫度應該跟體溫相近或更低。如果溫度太燙，放在冰箱裡讓它稍微降溫；如果你使用無菌水，將奶瓶放在溫水隔水加熱直到微溫。

## 外出時配方奶的準備

如果你使用配方奶哺餵寶寶，尿布袋裡一定要準備一隻奶瓶和幾包配方奶，大部分的餐廳和咖啡廳可以提供你所需的水。

〔1〕向服務生或咖啡店員工要一杯溫水。

〔2〕將配方奶和水加進奶瓶裡，用力地搖，並用一根手指或奶瓶蓋壓住奶嘴孔，確認牛奶裡或奶嘴頭裡沒有結塊。

〔3〕加一點碎冰或冷水，讓配方奶降至微溫。

〔4〕測溫。滴幾滴奶到你的手腕內側，配方奶應該接近體溫或更低，如果太燙就加一點碎冰。

〔5〕餵奶。

## 儲存母奶

〔1〕將母奶擠出。用你的擠奶器，或是徒手將母奶擠到消毒過的容器內，例如奶瓶。建議你以完整一餐所需的量做儲存（59-118ml），有些則儲存半餐的量（29-59ml）。

〔2〕將容器密封。

〔3〕在容器上標示日期和時間。

〔4〕將容器放進冰箱，或把母奶倒進儲奶袋裡，然後放進冷凍庫。母奶可以在冰箱內儲存五天，也可以在這五天中任何時點都進行冷凍，母奶可在冷凍庫內保存二至四個月。

【注意】任何冷凍後再解凍的母奶，需在二十四小時內用完，沒有用完的母奶必須倒掉。

## 溫熱儲存的母奶

〔1〕如果母奶是儲放在冷凍庫，可放在溫水（非熱水）中解凍，或是連同容器放在冷藏室解凍，然後將解凍後的母奶倒進奶瓶裡。

〔2〕將奶瓶放在裝有溫水的碗中，直到母奶微溫。

【注意】不要用微波爐加熱母奶，微波爐無法均勻地加熱液體，並且會破壞母奶中重要的酵素。

〔3〕將奶嘴頭裝到奶瓶上。

〔4〕輕輕地將奶瓶左右搖晃，這時母奶中的脂肪成分會在溫奶過程中融解，然後重新與液體混合；請不要大力搖晃奶瓶。

〔5〕測試母奶的溫度。滴幾滴母奶在你手腕內側，母奶溫度會跟體溫差不多或者稍低。如果溫度太燙，放在冰箱裡稍微降溫。

〔6〕餵奶。沒喝完的母奶請丟棄。

## 為寶寶瓶餵

你隨時隨地都可以瓶餵，使用者可以舒服地坐著甚至站立，寶寶一定要直抱，躺著餵，會增加寶寶窒息的風險或耳朵感染。

〔1〕在餵食以前，將奶嘴頭放進溫水中，使其接近體溫（圖A）。

〔2〕以搖籃式抱住寶寶，使寶寶的頭比身體略高（圖B）。

〔3〕啟動寶寶的覓乳反射。用一隻手指輕敲寶寶的臉頰，寶寶會轉向受到刺激的那一側，嘴巴會打開準備接受食物（圖C）。

〔4〕將奶嘴頭放進寶寶的嘴巴裡，讓奶嘴碰到寶寶嘴巴的上顎，寶寶的嘴唇應該會外翻而不是折入（圖D）。

【專家提示】請試著將奶嘴一次放進嘴唇的一邊。在放進奶嘴的時候，輕輕地將寶寶的上唇外推，然後再下壓寶寶的下唇，將奶嘴完全放進他的嘴巴。

〔5〕奶瓶要直立地拿。母奶或配方奶應該會充滿奶瓶的奶嘴球狀區，絕對不要用東西支撐奶瓶讓寶寶自己喝奶，可能會造成傷害和（或）功能喪失。

【注意】避免讓氣泡跑進奶嘴頭的球狀區域，會造成脹氣和不舒服。

〔6〕五到十分鐘或喝完後，將奶瓶移開，大約已經喝掉二至三盎司（圖E）。

〔7〕幫寶寶拍嗝（圖F）。

〔8〕繼續餵奶直到寶寶喝完約100ml，或是已經明顯有飽足感（圖G）。

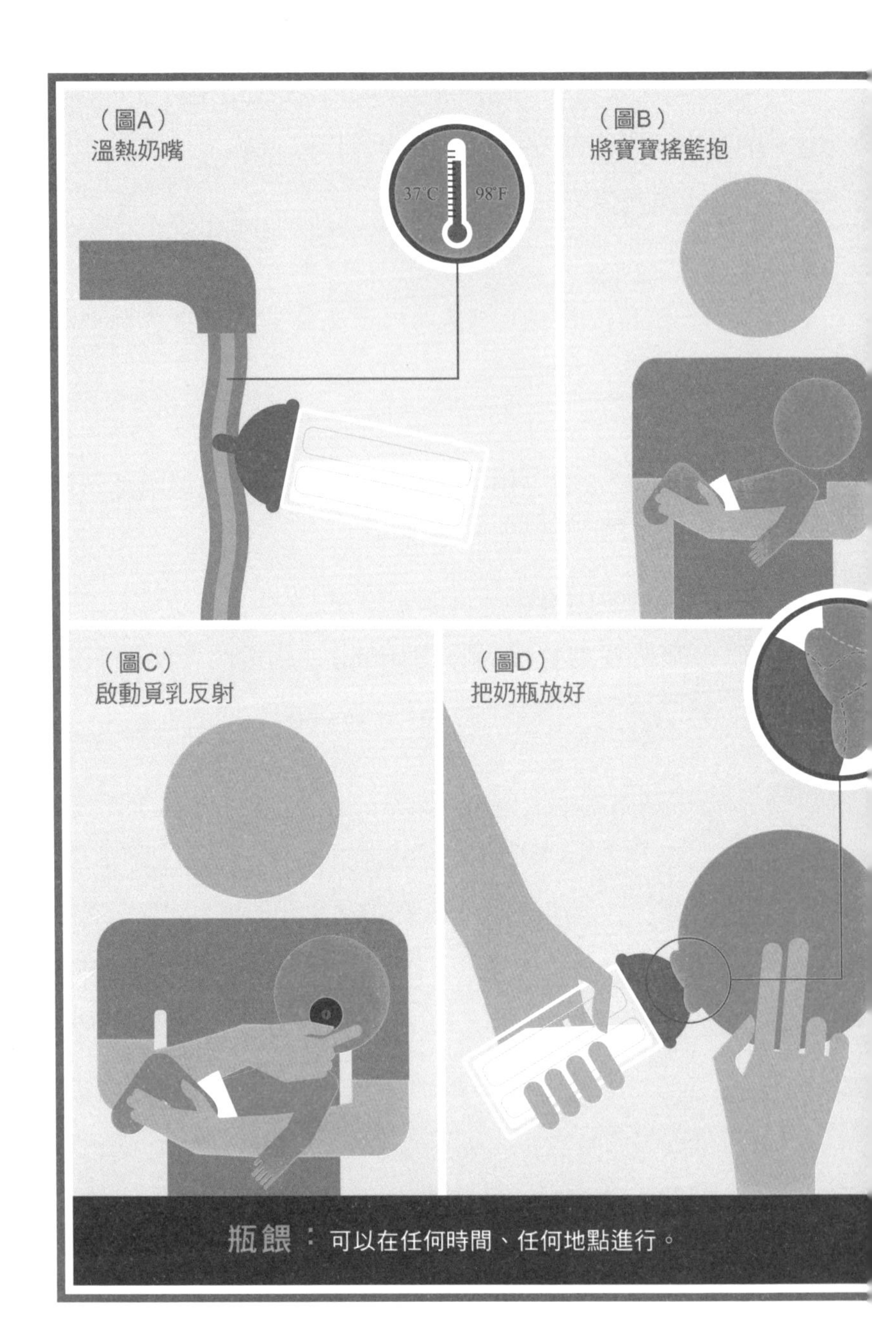
（圖A）
溫熱奶嘴
37°C
98°F
（圖B）
將寶寶搖籃抱
（圖C）
啟動覓乳反射
（圖D）
把奶瓶放好
瓶餵：可以在任何時間、任何地點進行。

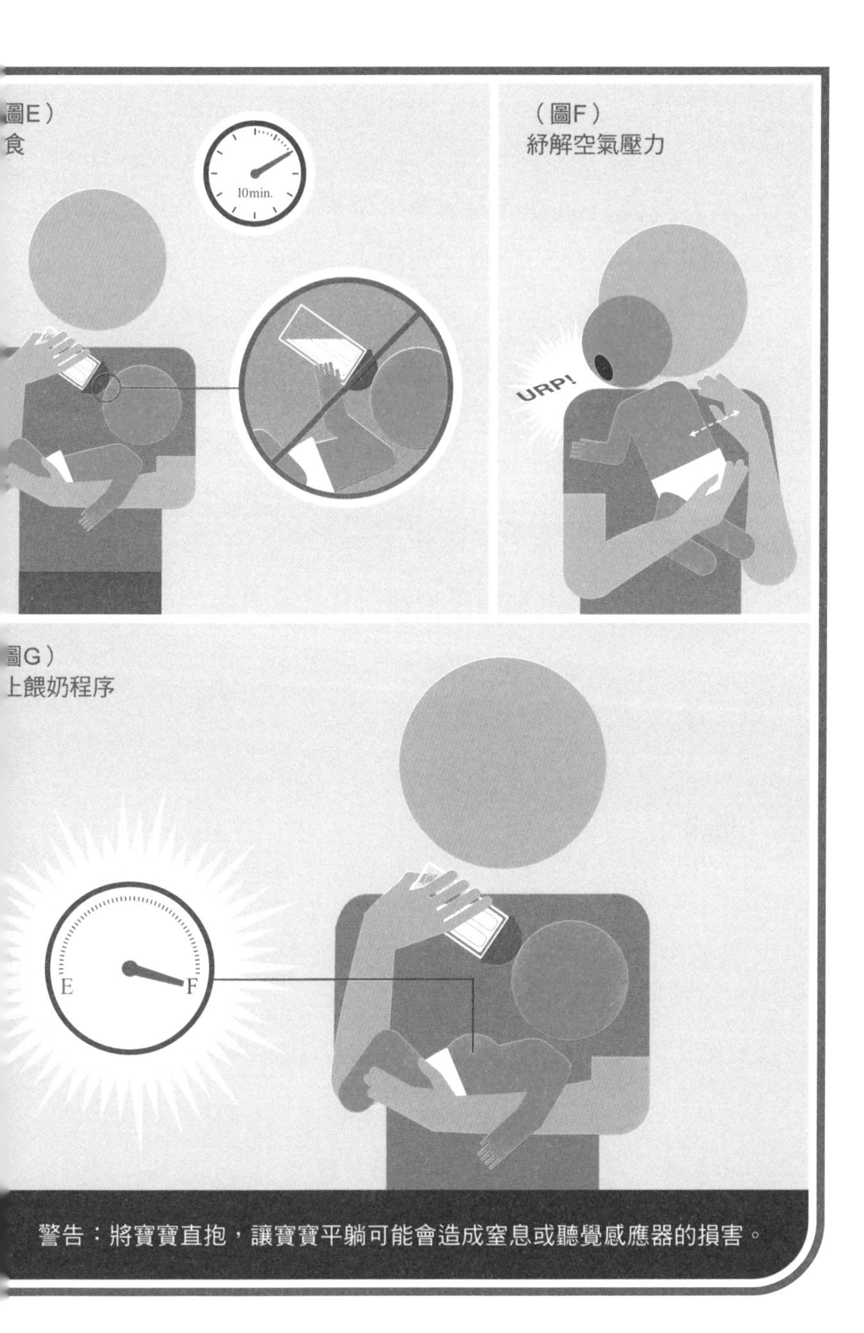


警告：將寶寶直抱，讓寶寶平躺可能會造成窒息或聽覺感應器的損害。

# 幫寶寶拍嗝

當寶寶吃東西的時候會吞進空氣，空氣會造成不正確的飽足感、不舒服的脹氣或想吐的感覺，使用者可藉由定時的拍嗝來避免這樣的情況。寶寶機器運作的前幾個月，在餵食的中途和結束時拍嗝；大概四個月之後，在餵奶時定期幫寶寶拍嗝，特別是喝了二至三盎司的奶，或是要換邊餵奶的時候。

【專家提示】有些寶寶在被中斷以後很難繼續喝奶，如果你的寶寶有這樣的問題，等到餵食結束後再幫他拍嗝。

利用以下任一技巧來幫寶寶拍嗝：

## 肩拍法（圖A）

〔1〕將拍嗝巾或毛巾垂掛在一側肩上。

〔2〕利用肩抱法將寶寶抱好。

〔3〕搓揉寶寶的背部，在靠近肩胛骨的地方畫小圈圈；如果這無法啟動寶寶的打嗝反應，請進行下一個步驟。

〔4〕從屁股往肩胛骨輕輕地拍打寶寶的背部。

〔5〕重複步驟3到4，持續五分鐘，如果拍不出嗝，就繼續餵奶（或換尿布），寶寶應該會自己打出嗝來。

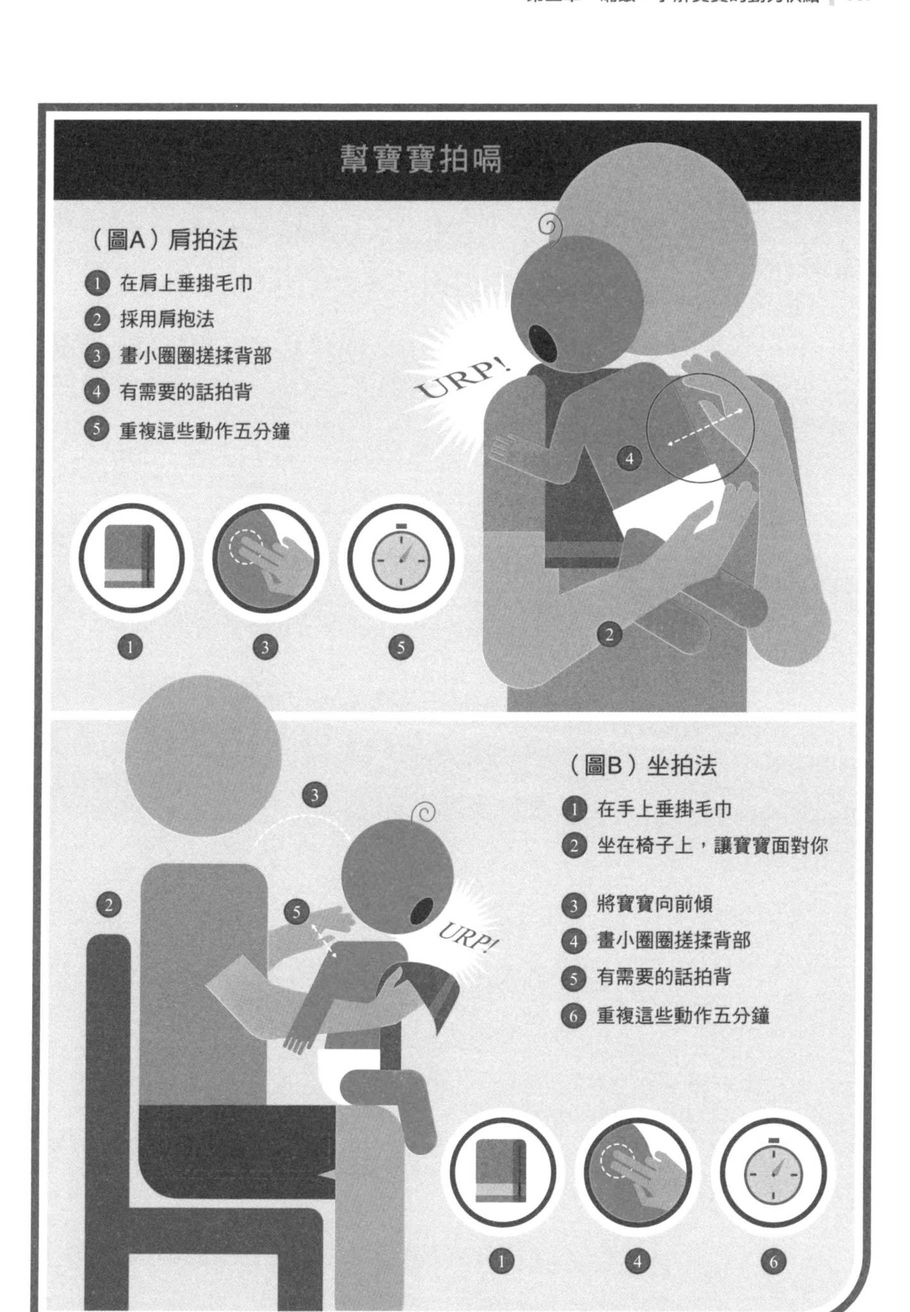
幫寶寶拍嗝
（圖A）肩拍法
1 在肩上垂掛毛巾
2 採用肩抱法
3 畫小圈圈搓揉背部
4 有需要的話拍背
5 重複這些動作五分鐘
URP!
4
1
3
5
2
（圖B）坐拍法
1 在手上垂掛毛巾
2 坐在椅子上，讓寶寶面對你
3 將寶寶向前傾
4 畫小圈圈搓揉背部
5 有需要的話拍背
6 重複這些動作五分鐘
3
2
5
URP!
1
4
6

### 坐拍法（圖B）

〔1〕將拍嗝巾或毛巾垂掛在一隻手上，並在椅子上坐好。

〔2〕讓寶寶坐在你的大腿上面對你，將空著的手放在他的背上，將拍嗝巾的手放在他的胸前，用手指支撐寶寶的頭和頸部，讓寶寶向前傾。

〔3〕搓揉寶寶的背部，在靠近肩胛骨的地方畫小圈圈；如果這無法啟動寶寶的打嗝反應，請進行下一個步驟。

〔4〕拍寶寶的背，從屁股往肩胛骨輕拍。

〔5〕重複步驟3和4，持續五分鐘，如果拍不出嗝就繼續餵奶（或換尿布），寶寶應該會自己打出嗝來。

## 減少夜奶

寶寶直到九至十二個月之前都還需要夜奶，到了一歲以後，夜奶只是習慣而非生理需求，以下的方法有助於逐步減少夜奶。

〔1〕逐步少量減少食物的供給。如果你是用瓶餵，第一個晚上準備207ml、第二晚177ml，依此遞減；如果你是親餵母乳，每天晚上減少一分鐘寶寶喝奶的時間。

〔2〕觀察寶寶白天的飲食習慣。大部分寶寶為了彌補減少夜奶後的食量，白天清醒時會吃得更多，直到最後完全不需要夜奶。

# 開始給予寶寶副食品

當寶寶可以自行坐立、嚼或是咬東西，體重達到出生時的兩倍，表示他已經準備好接受副食品，這通常會在寶寶四到六個月的時候發生。開始給寶寶副食品前，請與寶寶維修員聯絡。

## 必要的副食品餵食工具

從母奶或配方奶轉換到副食品，需要以下的新工具。

小的嬰兒湯匙：這種湯匙以耐摔塑膠製成，必須夠小可以放到嬰兒的小嘴巴裡，並且夠柔軟才不會傷害嬰兒的牙齦，準備兩至三隻應該夠用。

嬰兒碗：嬰兒專用碗以耐摔塑膠製成，可以盛裝少量的食物。

圍兜：綁在嬰兒脖子上的小塊布巾，可以減少吐出來的食物或汙漬弄髒寶寶的衣服，可在嬰兒用品專賣店購得。

嬰兒餐椅：這項配件可以限制寶寶在餵食時的活動和動作，有很多不同的種類可選擇，大多會附有一個餐盤架可放置食物，選擇結構較穩固的餐椅。

【注意】在寶寶可以自行坐立之前，不要在餐椅上餵食寶寶，絕不要讓寶寶獨自留在餐椅上。

# 餵寶寶吃副食品

寶寶初次接受副食品，最理想的食物是米精，是一種專為寶寶設計的速食穀類。剛開始接受副食品的頭幾餐，應視為餵食練習，不需要算進一天餵食的餐數，讓寶寶每天吃一次副食品，但仍按照正常作息哺餵母奶或配方奶。

〔1〕準備米精。將一湯匙（15ml）的米精與三湯匙（45ml）的母奶、水或泡好的配方奶混合，放進碗或杯子裡，攪拌混合到看不到結塊，此時會呈現可流動的質地，冷或溫熱地餵食皆可。

〔2〕讓寶寶坐在你的腿上或是可支撐的餐椅上。

〔3〕幫寶寶戴圍兜。

〔4〕用寶寶專用湯匙舀起約半匙量的米糊，並送進嘴裡，寶寶可能會用舌頭把食物頂出來，這是正常的，因為所有機型的寶寶在吸吮時舌頭都會前後擺動。經過這樣的練習，寶寶能學到如何把食物留在口中然後吞下。

〔5〕舀一匙新的米糊，或把寶寶嘴裡吐出來的食物重複步驟4的餵食，直到米糊吃完，或是寶寶看起來已經吃飽。

〔6〕要有耐心。寶寶正在學習一項很複雜的新技巧，而這項技巧跟吸吮大不相同。諮詢寶寶維修員，給予新鮮或罐裝的果泥、蔬菜泥，以及塊狀食物最好的時機。

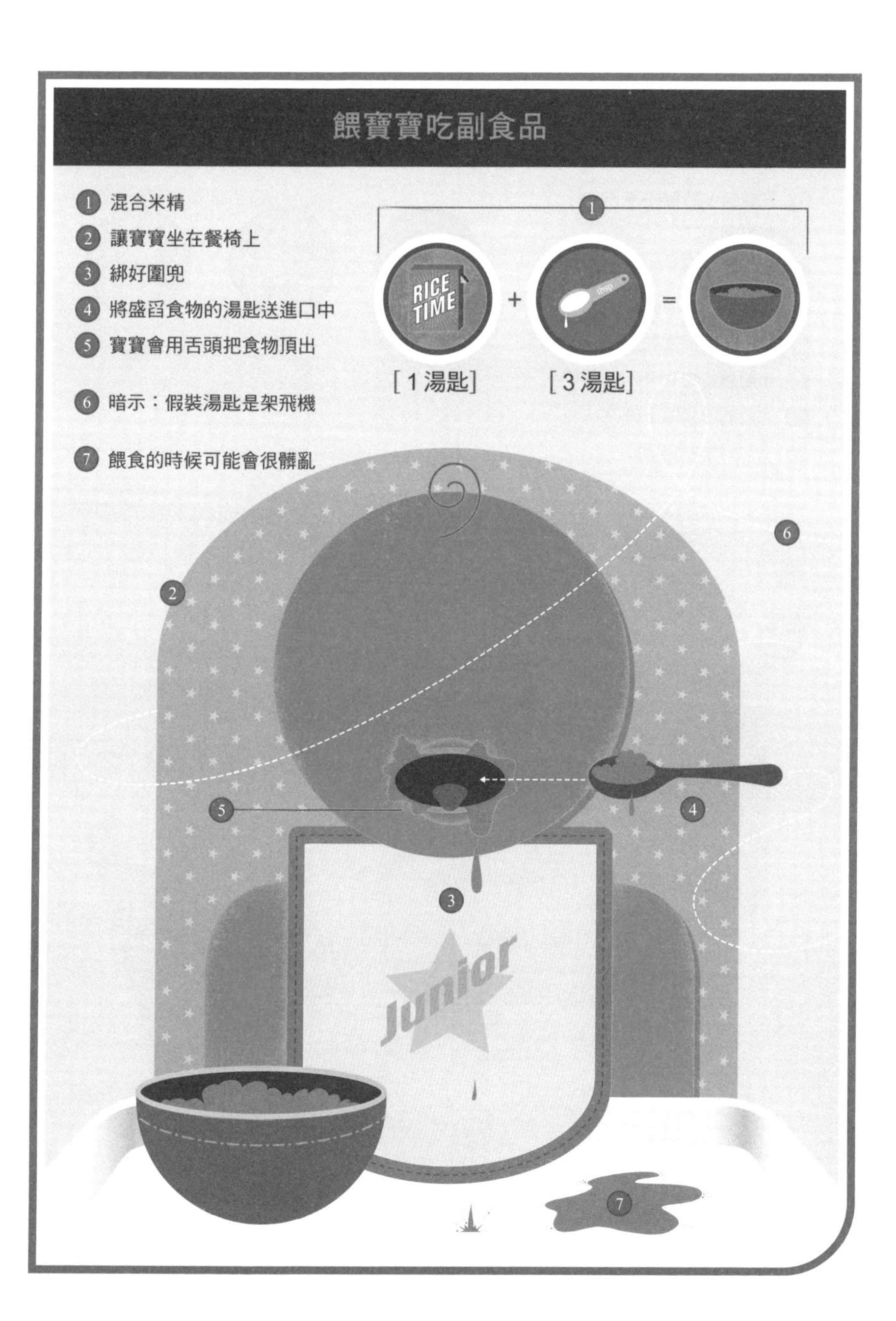
餵寶寶吃副食品
1 混合米精
2 讓寶寶坐在餐椅上
3 綁好圍兜
4 將盛舀食物的湯匙送進口中
5 寶寶會用舌頭把食物頂出
6 暗示：假裝湯匙是架飛機
7 餵食的時候可能會很髒亂
RICE TIME
[1湯匙]
[3湯匙]
Junior

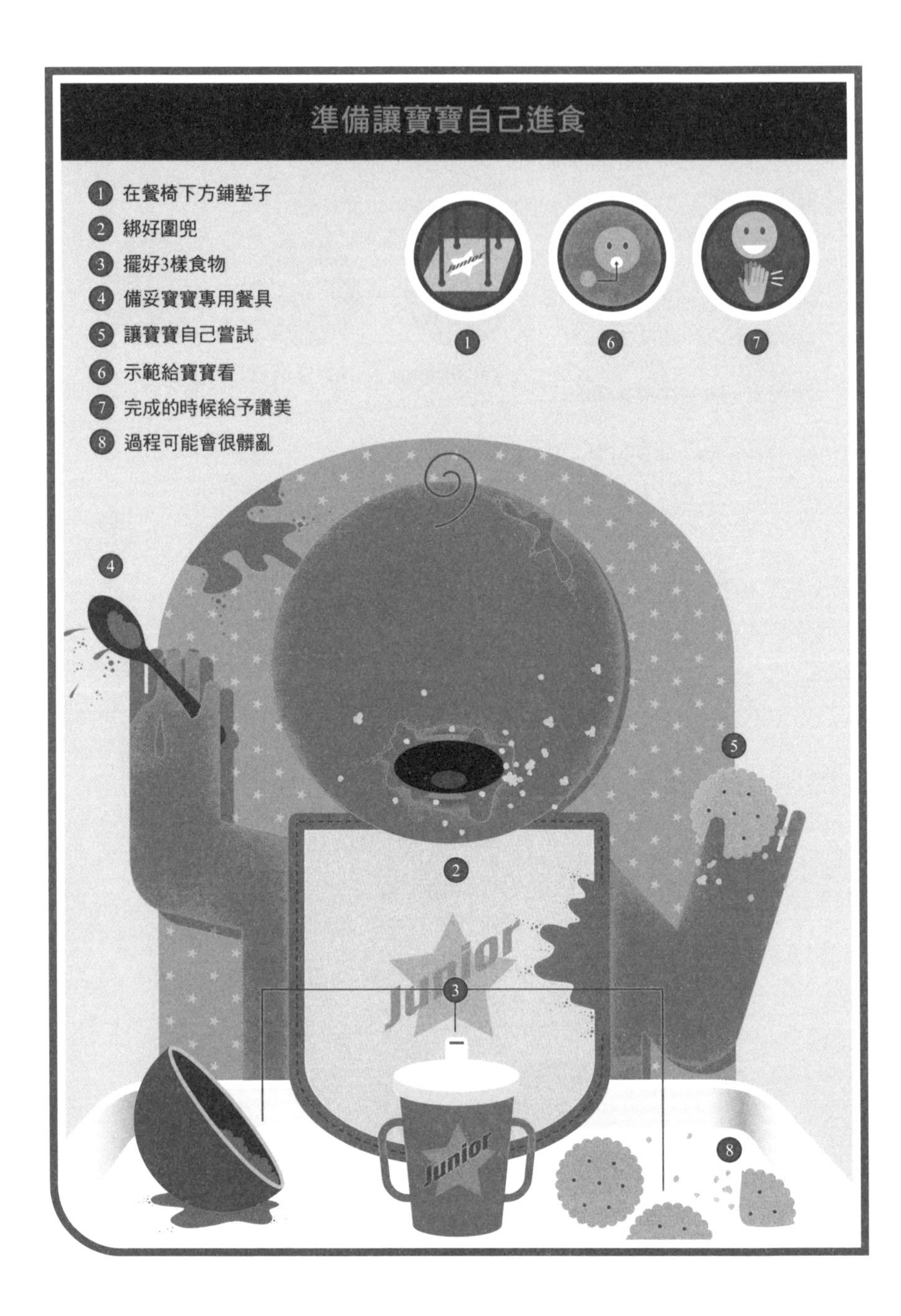
準備讓寶寶自己進食
1 在餐椅下方鋪墊子
2 綁好圍兜
3 擺好3樣食物
4 備妥寶寶專用餐具
5 讓寶寶自己嘗試
6 示範給寶寶看
7 完成的時候給予讚美
8 過程可能會很髒亂
Junior
1
6
7
4
5
2
Junior
3
Junior
8

## 準備讓寶寶自己進食

寶寶與生俱來以手指抓取東西的能力，使得他們能夠自己進食，這樣的能力至少需至十二個月才會完全發展成熟。跟寶寶一起練習自己進食，是讓他獨立的開始。

〔1〕在寶寶餐椅下方鋪上防汙墊。
〔2〕在寶寶的脖子圍上圍兜，平鋪於胸前。

【專家提示】有些使用者讓寶寶光著身體吃東西，不用圍兜，於餐後幫寶寶清洗。

〔3〕擺放好三樣食物。如果準備的種類太多，會讓寶寶感到混亂，選擇可以一口吃下的食物──乾的玉米穀片、小餅乾之類，或將食物切成小塊。如果食物有不同的口感和多種口味，寶寶可藉此發掘自己的喜好。
〔4〕備妥寶寶專用餐具。剛開始的時候寶寶無法使用這些工具，但等到越來越熟悉後便能上手。
〔5〕讓寶寶自己嘗試食物。讓他伸手並試著拿取食物，他可能不知道這該放進嘴巴，但大部分機型的寶寶，最後都會把面前的東西放進嘴巴嚐味道。
〔6〕示範給寶寶看。拿起一塊食物，示範給寶寶看怎麼吃東西，

放進你的嘴巴、咀嚼並吞下。

〔7〕要有耐心。如果寶寶進步得很慢，不要感到灰心，這是個很漫長的過程。

〔8〕寶寶完成的時候給予讚美。當寶寶拿起一塊食物或放進嘴巴時，給予鼓掌跟歡呼，他可能會為了看到你熱情的回應，而再試一次。

【注意】絕對不要強迫寶寶吃東西。如果你給予食物而他拒絕了，幾分鐘後再試一次。強迫給食，會讓寶寶把吃東西認為是不開心的事。

【專家提示】對新使用者而言，不可或缺的東西就是防漏水杯；這個東西有蓋子，而且沒有吸吮的話液體不會流出，所以杯子掉了也不會灑出來。大部分的寶寶機型，約到一歲以後才不需要用防漏水杯喝東西，但也有機型就是無法適用這種杯子。防漏水杯可以讓使用者省下很多煩惱和整理的時間，使用時請參照廠商的用法說明。

## 六種需避免的食物

當寶寶吃的副食品越來越多，他應該還是要避免以下的物質，以免有潛在過敏反應的危險。

蜂蜜：這款有甜味的物質，會讓寶寶腸道產生毒素，至少在寶寶出生後兩年內不要給寶寶餵食蜂蜜。

花生／花生製品：花生和其他花生製品，包括花生醬和花生油，可能會造成寶寶嚴重的過敏反應，出生後至少三年內不要餵食寶寶這類產品。

柑橘類水果或果汁：柑橘類所含的酸性物質，對寶寶脆弱的消化系統來說太強了，有些機型的寶寶會有過敏反應或是胃不舒服。請與寶寶維修員討論讓寶寶吃柑橘類食物的適當時機。

咖啡因：含咖啡因或類似成分的東西，像是巧克力、茶、咖啡或汽水，會影響寶寶對鈣質的吸收。

蛋白：對寶寶來說不好消化，在寶寶維修員建議你之前，請避免餵食蛋白。

牛奶：純牛奶可能會引起寶寶的過敏反應，至少在寶寶一歲以前盡量避免牛奶。

# 幫寶寶離乳

離乳，指的是寶寶永久地從親餵改成瓶餵或是以杯子喝東西，在寶寶六個月以前不要離乳，這段時間是寶寶維修員認為餵母奶最重要的時間。當使用者或是寶寶已經準備好要離乳了，請採取以下步驟。

〔1〕在餵食時，用杯子或奶瓶盛裝母奶或配方奶，讓寶寶知道有其他方式可以獲取食物。

〔2〕如果寶寶對新的食物來源難以適應，試著換地方或改變燈光和音樂來餵食，幫新的餵食方法營造不同的氣氛。

〔3〕逐漸減少每天親餵的次數，每兩周在每日餵食作息中減少一次親餵，改以瓶餵或副食品代替。諮詢寶寶維修員，以確認寶寶獲得足夠的營養供給。

〔4〕當你已經減少到只剩每天一次親餵，請將這一次留在睡前。

〔5〕每晚減少幾分鐘睡前親餵的時間。

【專家提示】你的寶寶可能會自己試著離乳。許多寶寶機型在時機成熟時，會自己察覺，有時大約在九個月之後。如果你的寶寶機型在九個月之前有斷奶的跡象，需確保沒有其他問題影響到哺餵，寶寶可能是分心或不舒服，不見得已經準備好離乳，諮詢寶寶維修員，以排除任何健康上的疑慮。許多寶寶機型在六個月以後會拒絕親餵，但這通常是短暫性的罷工——通常在幾天之後，寶寶會願意恢復親餵。

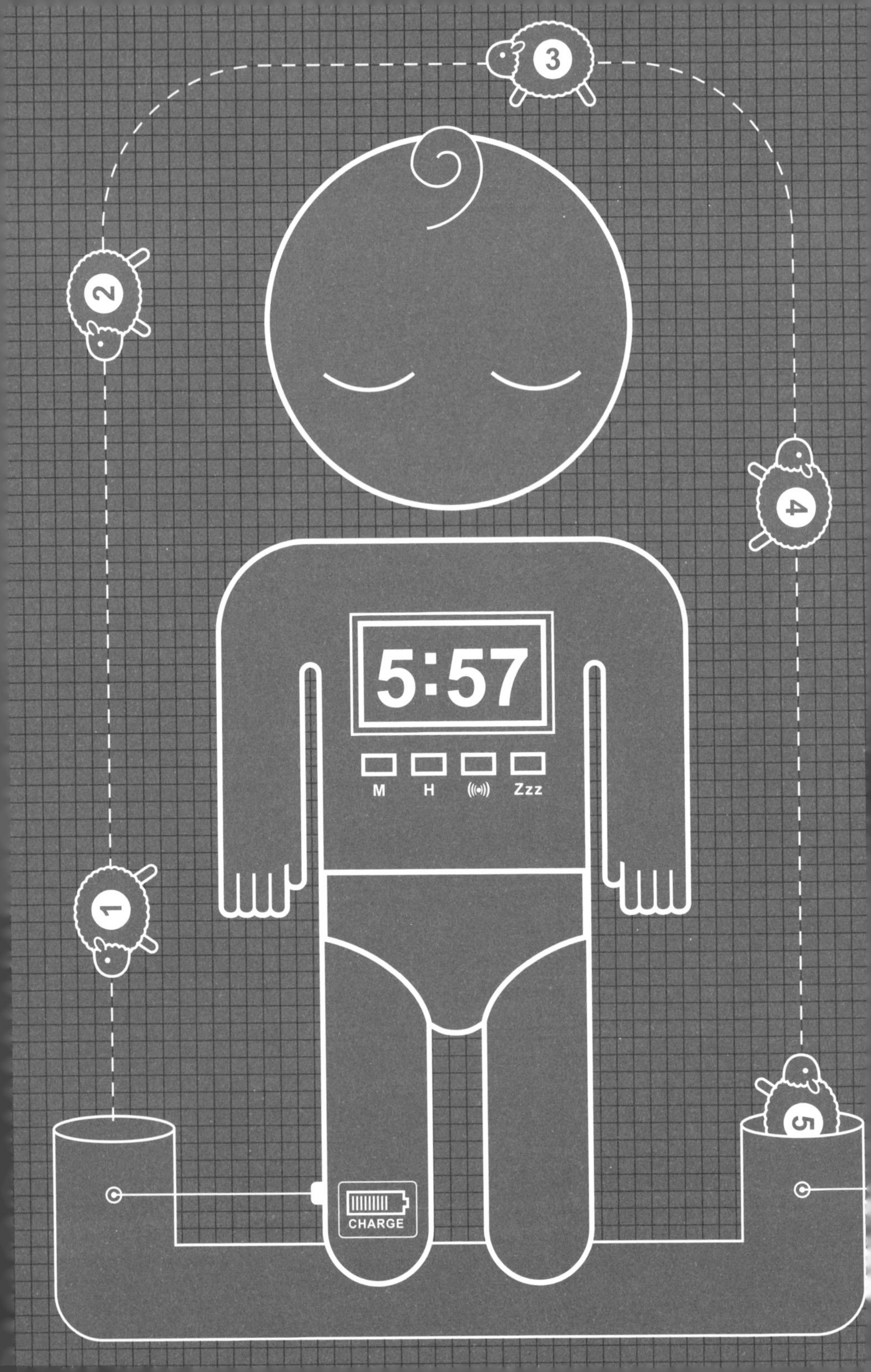

5:57
M
H
Zzz
CHARGE

第四章

# 建立睡眠模式

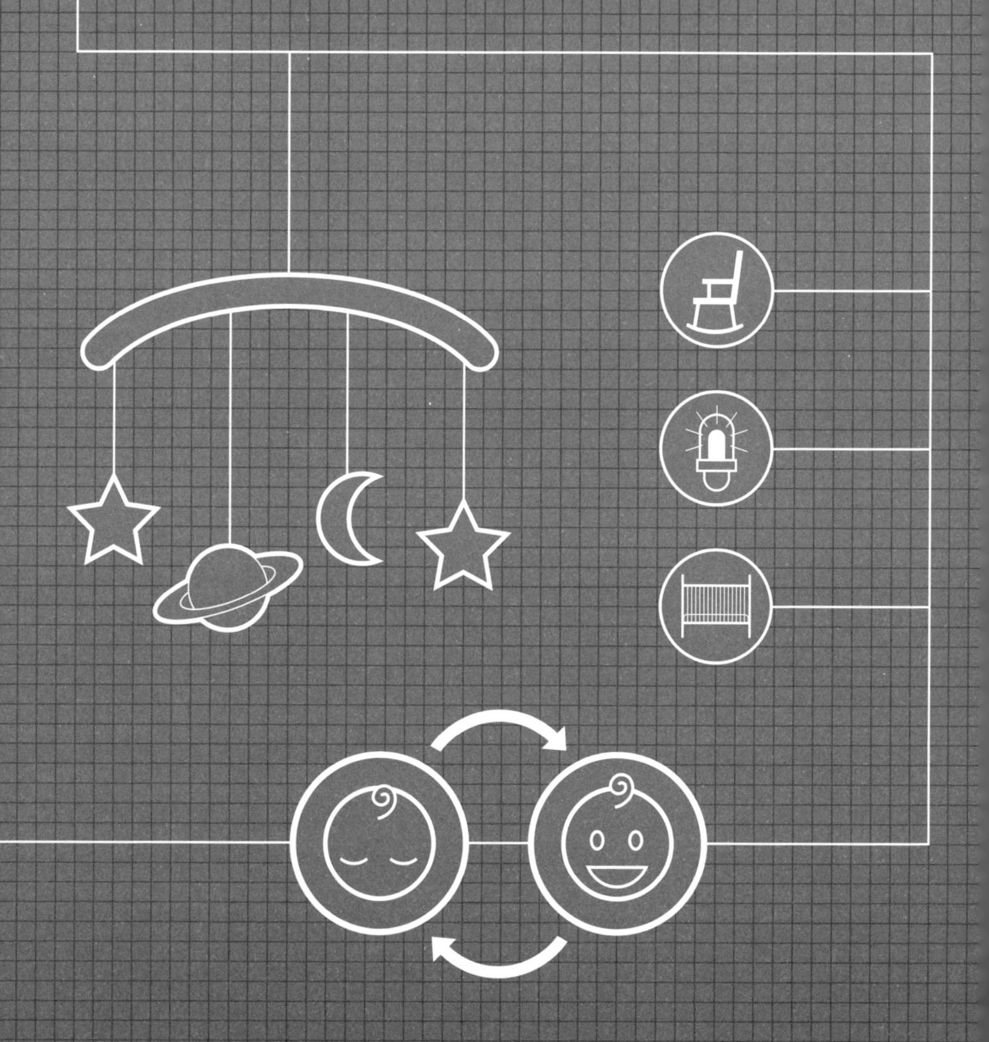

# 布置寶寶的睡眠空間

睡眠區域是嬰兒房裡最重要的空間，而且需要仔細地布置；有些使用者會更改自己房間的配置，來配合寶寶。

當寶寶在睡覺時一定要仰睡，這樣做可以大幅減少嬰兒猝死症的風險。大概在四個月以後，寶寶自然可以側睡或趴睡。

【注意】當寶寶進入睡眠模式時，將所有枕頭、厚被子和玩偶從睡覺的地方拿走。如果睡在這些東西的上方或下面，會影響到寶寶的氧氣供應，而造成嚴重的功能異常。

## 嬰兒籃（圖A）

嬰兒籃是專為出生後頭幾個月的寶寶所設計的攜帶床，可以在嬰兒用品店購得，或者是把實心的梳妝檯抽屜鋪上寶寶專用的安全墊。許多使用者認為嬰兒籃的方便攜帶性很吸引人，寶寶跟嬰兒籃在隨手可及的距離，對夜奶來說十分便利。

理想的嬰兒籃有堅固、大小適中的床墊，床墊與嬰兒籃側邊的距離小於2.5公分，選擇結構扎實且有穩固床架的嬰兒籃，才能禁得起意外的碰撞。

## 嬰兒床（圖B）

一張好的嬰兒床，應該要能用到寶寶長大能獨睡為止。理想嬰兒床的護欄間距不超過6公分，上方床欄與床墊最低點至少距離66公分。所有床墊的支撐物和金屬配件都應堅固且耐用，床墊與嬰兒籃側邊的距離不可超過2.5公分。檢查你的嬰兒床是否符合以上這些最新的規定，尤其如果你的嬰兒床是來自親友的恩典牌。

嬰兒床床圍的安裝，可以避免寶寶的頭撞到床欄。如果你有安裝嬰兒床床圍，綁繩要短、結要綁緊，並朝向嬰兒床的外側。

【注意】一旦寶寶活動力越來越強（通常在七到九個月之間），請將床圍移除，否則會變成寶寶想爬出嬰兒床的踏腳處。

## 你的床（圖C）

許多使用者選擇在自己的床上跟寶寶同寢，如果你用的是硬床墊就不會有太大問題，若是軟床墊則可能會造成嬰兒猝死症。在將寶寶放到你床上之前，把枕頭、厚被子和大毯子從睡覺的地方搬走，幫寶寶準備一條薄毯。最安全的位置，是讓寶寶睡在爸媽的中間，變成好像安全護欄一樣，全身枕不適合用來代替任何一側的父母親，床上也應該避免有這類寢具。

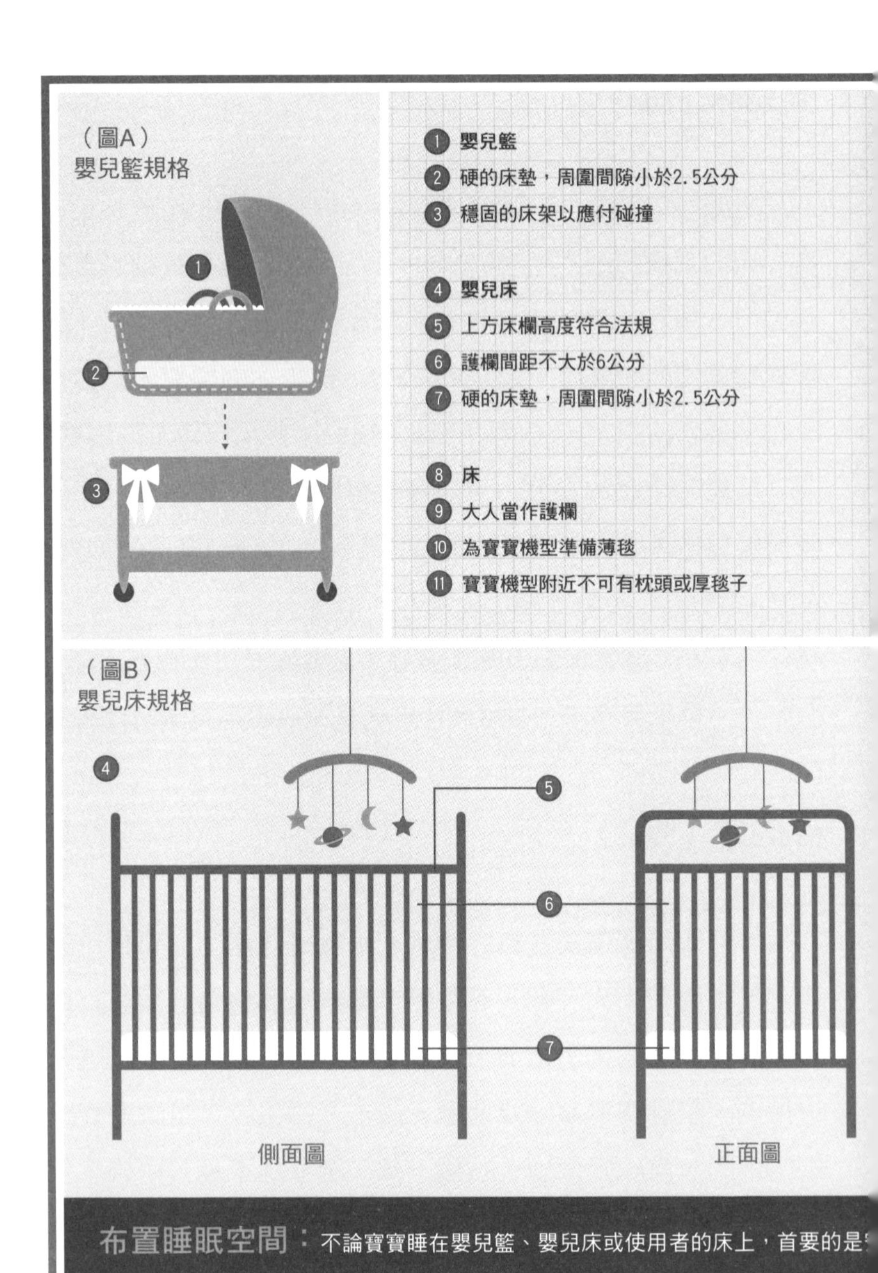


**布置睡眠空間：**不論寶寶睡在嬰兒籃、嬰兒床或使用者的床上，首要的是

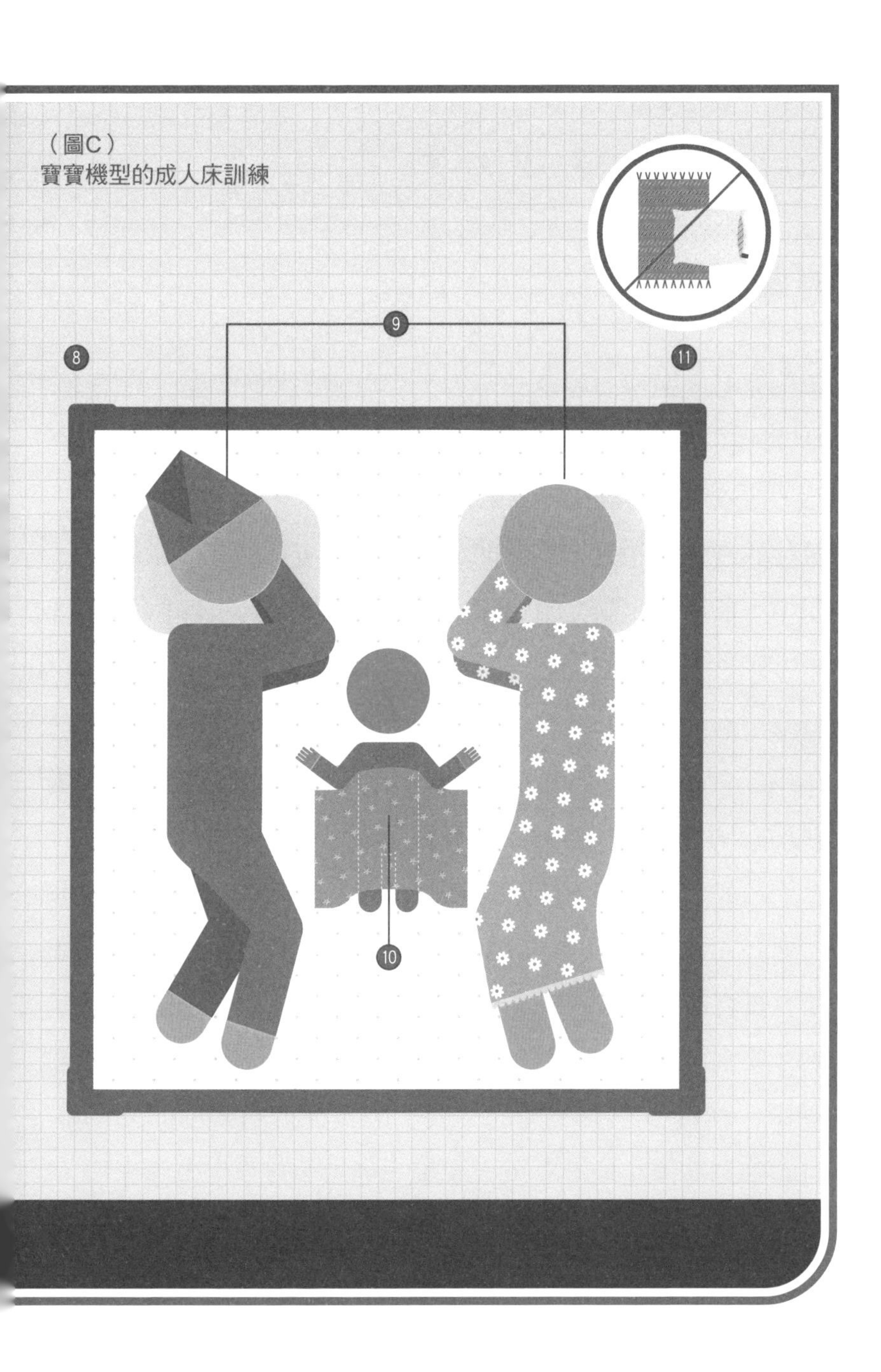
（圖C）
寶寶機型的成人床訓練
8
9
10
11

【注意】不要讓寶寶在枕頭上睡著，這可能會影響寶寶的氧氣供給，並造成嚴重的功能異常。

# 了解睡眠模式

新生兒體內還沒有能夠分辨白天和黑夜的生理時鐘，因為他們對食物的持續性需求，使得大部分寶寶機型的睡眠間隔為二或四小時，造成使用者無法得到充足的睡眠。

這樣的特性並不是製造者的瑕疵，而且可以藉由適當的維護來克服。一般來說，新生兒每天至少需要十六小時的睡眠，但是這個數字因機型的不同而異。寶寶的睡眠作息，可能會被飢餓、生長爆發期和環境的干擾所影響（例如電視、雷雨等）。

在第二到第六個月之間，寶寶會比前幾個月需要較少的睡眠。在第三個月後期，有的寶寶有時晚上可以連續睡六個小時，有的則要等到一歲以後，才能連續睡很長一段時間。寶寶長時間連續睡眠的能力，受到睡覺地點和入睡方式的影響；在這個時期，所有寶寶機型每天總共需要十四到十五個小時的睡眠。

到了第七至第十二個月時，寶寶晚上應該可以有長時間不間斷的睡眠，但接下來有不同的發展。因為寶寶吃東西的頻率降低，且睡眠週期漸趨成熟，就像在第二到六個月那個階段一樣，寶寶睡眠週期的長短，受到睡覺地點和入睡方式所影響，寶寶每天仍需要十三到十五個小時的睡眠。

## 了解睡眠週期

在寶寶出的前幾個月，睡眠週期依循一個很明確的模式：首先，寶寶會經歷快速動眼期，然後是非快速動眼期；幾個月以後，寶寶的睡眠系統會顛倒，先進入非快速動眼期，然後才是快速動眼期。熟悉這些循環，能讓你了解寶寶的睡眠模式。

快速動眼期睡眠：當寶寶進入睡眠模式，快速動眼期階段開始。這是非常表淺睡眠的階段，寶寶的手、臉和腳會抽動，看起來好像受到驚嚇，這些跡象都表示他的睡眠模式正在正確地運作。

非快速動眼期睡眠：這種睡眠模式，包括三個不同的循環。

- 淺睡眠：跡象包括沒有眼球運動，以及當你舉起寶寶的四肢時，會有「輕微」的感覺。
- 深睡眠：徵兆包括深且慢的呼吸，以及身體和四肢有「沉重」的感覺，寶寶應該會感到完全放鬆。
- 熟睡眠：跡象包括身體和四肢有非常「沉重」的感覺，如果你試著把寶寶叫醒，他不會有反應。

### 進階應用：睡眠週期測試

如果你將寶寶搖睡，想知道何時把他放下不會吵醒他，請試試看以下的測試法。

〔1〕用拇指和食指扶著寶寶的一隻手臂。
〔2〕輕輕地將手臂抬起五公分。
〔3〕放開。

如果寶寶的手臂落在身旁，而他沒有被喚醒，此時已經進入深或熟睡眠模式，你可以順利地放下寶寶；如果他醒來，表示正處快速動眼期或淺睡眠，移動寶寶可能會吵醒他。

## 睡眠圖表的運用

睡眠圖表可以用來追蹤、修正和重新建立寶寶的睡眠作息。下頁所示的圖表範例，為典型的一周睡眠模式，建議你將附錄中的空白圖表影印，以追蹤你寶寶機型前幾個月的習慣。

〔1〕當寶寶進入睡眠模式，記下時間，也可順便睡個覺。
〔2〕當寶寶離開睡眠模式，記下結束的時間。
〔3〕將兩線之間的空間，用鉛筆或原子筆填滿。

這張圖表能夠幫助你研究寶寶一周以上的睡眠習慣，使用多張圖表，則有助於了解每月寶寶睡眠習慣的演進。注意寶寶是否每天在相同時間（或接近）進入睡眠模式，如果寶寶的睡眠與以往已建立的模式不同，注意是否有特殊的情況發生。

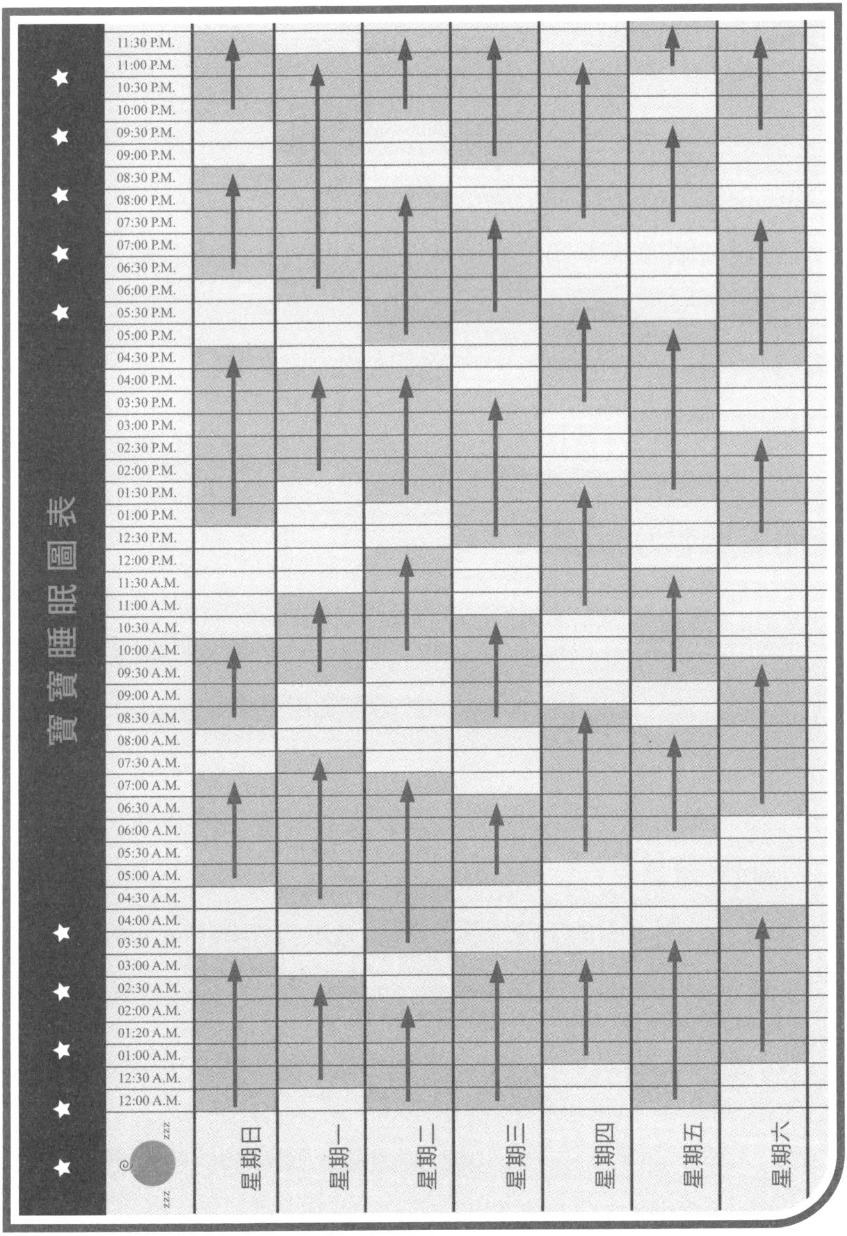

# 寶寶睡眠圖表

| 時間 | 星期日 | 星期一 | 星期二 | 星期三 | 星期四 | 星期五 | 星期六 |
|---|---|---|---|---|---|---|---|
| 12:00 A.M. | | | | | | | |
| 12:30 A.M. | | | | | | | |
| 01:00 A.M. | | | | | | | |
| 01:20 A.M. | | | | | | | |
| 02:00 A.M. | | | | | | | |
| 02:30 A.M. | | | | | | | |
| 03:00 A.M. | | | | | | | |
| 03:30 A.M. | | | | | | | |
| 04:00 A.M. | | | | | | | |
| 04:30 A.M. | | | | | | | |
| 05:00 A.M. | | | | | | | |
| 05:30 A.M. | | | | | | | |
| 06:00 A.M. | | | | | | | |
| 06:30 A.M. | | | | | | | |
| 07:00 A.M. | | | | | | | |
| 07:30 A.M. | | | | | | | |
| 08:00 A.M. | | | | | | | |
| 08:30 A.M. | | | | | | | |
| 09:00 A.M. | | | | | | | |
| 09:30 A.M. | | | | | | | |
| 10:00 A.M. | | | | | | | |
| 10:30 A.M. | | | | | | | |
| 11:00 A.M. | | | | | | | |
| 11:30 A.M. | | | | | | | |
| 12:00 P.M. | | | | | | | |
| 12:30 P.M. | | | | | | | |
| 01:00 P.M. | | | | | | | |
| 01:30 P.M. | | | | | | | |
| 02:00 P.M. | | | | | | | |
| 02:30 P.M. | | | | | | | |
| 03:00 P.M. | | | | | | | |
| 03:30 P.M. | | | | | | | |
| 04:00 P.M. | | | | | | | |
| 04:30 P.M. | | | | | | | |
| 05:00 P.M. | | | | | | | |
| 05:30 P.M. | | | | | | | |
| 06:00 P.M. | | | | | | | |
| 06:30 P.M. | | | | | | | |
| 07:00 P.M. | | | | | | | |
| 07:30 P.M. | | | | | | | |
| 08:00 P.M. | | | | | | | |
| 08:30 P.M. | | | | | | | |
| 09:00 P.M. | | | | | | | |
| 09:30 P.M. | | | | | | | |
| 10:00 P.M. | | | | | | | |
| 10:30 P.M. | | | | | | | |
| 11:00 P.M. | | | | | | | |
| 11:30 P.M. | | | | | | | |

# 啟動睡眠模式

寶寶可能本來就有設定好的信號，來顯示他已經準備好要進入睡眠模式，包括揉眼睛或拉耳朵。如果你看到這些徵兆，盡快準備啟動睡眠模式；如果沒有這麼做，寶寶會過度刺激，且睡眠模式絕對會受到延誤。

有兩種一般性的技巧，可啟動寶寶的睡眠模式：使用者啟動與自我啟動。

## 使用者啟動睡眠模式

使用者啟動睡眠模式，包含白天持續地刺激和晚上減少活動，這個方法，比自我啟動睡眠模式需要花更多的精神。

〔1〕白天盡量給予寶寶刺激，讓寶寶常常坐在揹袋裡，跟寶寶玩、唱歌和跳舞。

〔2〕設定一個可靠的上床時間，並盡量維持作息。

〔3〕在上床睡覺前，讓寶寶放鬆，餵奶、洗澡、搖哄或念書給寶寶聽。

〔4〕使用下列任何一項技巧，讓寶寶入睡：

- 餵奶入睡。讓寶寶在喝奶後直接入睡，寶寶會將餵食認定為睡覺之前做的事。

・讓非哺乳的使用者安撫寶寶入睡。寶寶聞到媽媽母奶的味道，會讓他以為該喝奶而不是睡覺。

・懷抱並搖哄寶寶入睡。寶寶在你的雙臂間，會比獨自在嬰兒床中更有安全感，輕輕地抱著，直到寶寶入睡。

〔5〕使用下列任何一項技巧，讓寶寶在夜晚維持入睡狀態：

・寶寶一有醒來的徵兆，就立刻到寶寶身邊，你的出現足夠安撫寶寶再次入睡。

・用包巾包裹寶寶，增加安全感能幫助他再次入睡。

・將寶寶放在機械式的搖籃裡，規律的擺動能幫助他再次入睡。

・改變寶寶睡覺的姿勢。寶寶可能感到不舒服，換個新的姿勢，能讓他再次入睡。

・將一手放在寶寶身上，直到他入睡，此舉會給他額外的溫暖和安撫。

・餵食寶寶讓其再度入睡。喝奶和餵奶的動作，能夠讓寶寶放鬆，讓他準備好睡覺。

## 自我啟動睡眠模式（版本1.0）

這個不同的方式，需要家長在夜晚有多一點親子互動，不要在寶寶四或五個月之前進行這個程序，並確定寶寶的尿布是乾的、沒有肚子餓，而且身體狀況健康。

〔1〕建立一段平靜的睡前儀式，來暗示寶寶睡覺時間快到了，可以包括洗澡、講故事或唱歌。

〔2〕帶寶寶進他的房間，讓他好好地躺在嬰兒床裡。

〔3〕幫他蓋好被子並道「晚安」。

〔4〕開啟小夜燈並關掉主燈。

〔5〕離開房間並關上房門，如果寶寶哭了，等一至五分鐘再重新進房。許多寶寶機型能夠自我安撫入睡，且自行啟動睡眠模式，如果沒有，請進行下個步驟。

〔6〕重新回到房間，不要將寶寶抱起，不要餵他，說話安撫他，一分鐘後離開。

〔7〕重複步驟5到6，每次等待時間增加一至五分鐘。最後，寶寶會自我安撫入睡。

〔8〕第二天晚上，第一次回嬰兒房前，等個一到五分鐘，第三天晚上等五到十分鐘再重新進房，等待的時間每次增加五分鐘。以此類推，三到七天內，寶寶應該能夠學會自行啟動睡眠模式。

## 自我啟動睡眠模式（版本2.0）

這個方法，教導寶寶在沒有任何幫助的情況下，學會自行啟動睡眠模式。一旦你的寶寶學會自行啟動睡眠模式，在夜晚醒來時，他就能更有效地使用這項程式。不要在寶寶四個月以前開始這個程序，並確定寶寶的尿布是乾的、沒有肚子餓且身體狀況健康。

〔1〕建立一段平靜的睡前儀式，來暗示寶寶睡覺時間快到了，可以包括洗澡、講故事、唱歌和搖晃。

〔2〕帶寶寶進他的房間，讓他好好地躺在嬰兒床裡。

〔3〕幫他蓋好被子並道「晚安」。

〔4〕開啟小夜燈並關掉主燈。

〔5〕離開房間並關上房門，開啟寶寶監視器，以便聽到他的聲音。在早晨來臨前都不要重新進房，寶寶可能會越哭越長，只要將他放在適當擺設的睡眠空間裡，他就是安全的，最後他會睡著。經過幾個晚上的訓練，他會知道哭泣也無法讓你進到房間。

## 改正夜貓子的作息

因為寶寶的體內設定無法分辨白天和晚上，你的寶寶機型可能白天睡得比晚上多，但持續地利用以下所指導的方式，任何寶寶機型都能從白天睡覺改成晚上睡覺。

〔1〕建立明確的日夜之分。白天的時候，將遮陽板打開、開燈，並讓屋子裡充滿有活力的音樂和動作；到了晚上，將遮陽板關上、將燈光調暗或關上、讓房子保持安靜和平穩。這樣能夠讓寶寶會較喜歡在白天保持清醒，然後自動地調整其體內設定。

〔2〕如果你一定要在晚上幫寶寶換尿布或衣服，動作要迅速且安靜，跟寶寶說話的聲音越小越好。

〔3〕如果寶寶在下午或傍晚睡了很長的一段時間，則作息需要人為稍做改變。把他叫醒喝奶，跟他玩並保持清醒，漸漸他會自然地將這段長睡眠移到晚上。

# 離開睡眠空間時睡眠模式的運用

利用以下的方式，讓寶寶在推車或汽車上啟動睡眠模式。

## 推車

〔1〕保持溫暖。確認寶寶穿的衣服適合當天的天氣，如果室外會冷，就加上毯子。

〔2〕讓寶寶四周的環境保持昏暗。如果有的話，把推車的遮陽棚打開，在推車的前方蓋上一條毯子；如果寶寶因此哭泣，將毯子的一側拉開。

〔3〕將推車帶到較安靜的地方行走。

〔4〕隨時注意寶寶是否進入睡眠模式。

〔5〕繼續走或回家。如果你回家了，將推車推進室內，讓寶寶繼續在車上小睡。

## 汽車

〔1〕將寶寶用安全帶固定在汽車座椅上。

〔2〕將寶寶遮陽簾拉下，或是在側車窗懸掛毛巾擋住陽光。遮陽簾可以在寶寶用品店購得，可利用吸盤固定在窗戶上。

【注意】使用毛巾或遮陽簾的時候，不要擋到駕駛駕車的視線。

〔3〕小心地選擇你的路徑，盡量選擇寶寶眼睛不會直接接觸陽光的方向開車。

〔4〕播放安靜的音樂。

〔5〕觀察寶寶。有些寶寶機型可以在平穩的路上得到安撫，有些則喜歡顛簸的地面，視情況調整你的路線。

## 夜醒

寶寶在半夜裡醒來的原因很多，所有的寶寶機型與生俱來對不同的問題有不同的哭泣法，使用者必須學著解讀哭泣的原因。

飢餓、尿布濕了，以及白天作息改變，都是夜醒的常見原因，首先要排除這些可能。如果你還是很難分辨為何寶寶醒來，請參考以下的可能性。

生長爆發期夜醒：大部分的寶寶機型，在出生第10天、3周、6周、3個月和6個月的時候，會經歷生長爆發期（也就是身體質量急速增加）。在這段爆發的期間，寶寶在晚上可能會很焦躁不安，而且食量增加，特別是晚上的時候。這樣的爆發期可能持續七十二小時，對寶寶的成長是很重要的，而使用者沒有辦法做任何事加以改變，只要寶寶有需要就餵食，然後重啟睡眠模式。

發展里程碑夜醒：發展里程碑夜醒，通常發生在寶寶學會新技能的時候，例如坐起、爬行或是行走。寶寶在晚上會醒來許多次，且想要練習他的新招式。

健康因素夜醒：有生病的徵兆（發燒、鼻塞和咳嗽），會影響到寶寶的睡眠週期，其他正常的生理發展例如長牙，也會干擾到寶寶的睡眠。這些都是寶寶功能上的小問題，使用者無法改變，只能盡量讓寶寶舒服，並盡力處理健康的問題。向寶寶維修員諮詢，是否能夠開立一個晚上的抗組織胺藥物，幫助寶寶進入睡眠模式。

## 過渡期物品（安撫物）

這些是能夠幫助寶寶自我安撫和自行啟動睡眠模式的東西，我們稱之為過渡期物品，可以在緊張的時候當作父母的代替品，讓寶寶得到安撫。安撫物可以是毯子或小的填充玩偶，許多使用者還會給這些東西取名字。

【注意】安撫物對較小的寶寶可能有窒息的危險，在你的寶寶機型能完全控制自己翻身的能力之前，不要給予這些物品。

〔1〕在白天的時候給寶寶幾樣安撫物。

〔2〕晚上的時候，把所有的東西放進寶寶的嬰兒床，寶寶會比較喜歡其中一兩樣東西，他會靠著它睡覺，或在你將他抱離嬰兒床時緊抓不放。

〔3〕一旦寶寶選定喜歡的安撫物，每次準備睡覺前，把該物品交給寶寶，他會開始將這樣物品和上床睡覺連結，可以暗示寶寶，他該自己獨處的時間到了。

【專家提示】如果你用奶嘴來安撫寶寶，可以考慮多放幾個（最多五個）在嬰兒床的四周。如果寶寶在半夜醒來，他可以馬上看到奶嘴，拿起來。然後自我安撫再次入睡。

〔4〕在餵奶時，將安撫物跟寶寶抱在一起，讓它沾上你身上的味道，有的使用者會把它沾上一點母奶。

〔5〕一旦寶寶跟安撫物建立起親密關係，買一、兩個相同的備用。

〔6〕讓寶寶在白天的時候也拿著安撫物，這樣他對該項物品的依

賴會加深，能夠加強寶寶的安全感。

## 處理過度刺激

如果寶寶已經累到可以啟動睡眠模式，但過了時間他還醒著，表示他接受的刺激過多。受到過度刺激的寶寶很難入睡，試用以下的技巧來啟動睡眠模式。

〔1〕首先要避免過度刺激，鼓勵寶寶在他開始有疲倦的徵兆時，就進入睡眠模式。

〔2〕如果寶寶已經接受過多刺激，不要再想辦法跟他玩，不要給他玩具、手搖鈴或其他形式的刺激。

〔3〕將寶寶搖籃抱，在他身上和你的肩膀上蓋一條薄被，製造一個昏暗的環境給寶寶。

〔4〕用動作讓寶寶平靜下來。將寶寶放在推車上，在附近走一圈，或是把他放在汽車座椅上，開車繞社區一圈，或是陪他坐在搖椅上十五分鐘。

〔5〕如果所有的方法都行不通，就讓他哭。把寶寶放在一個安全的地方，等個幾分鐘，哭泣能夠幫助他釋放過多的精力，然後寶寶會自動進入睡眠模式。

# 睡眠功能失常

如果寶寶經常在夜裡醒來，而且你無法找出受干擾的原因，寶寶可能是睡眠功能失常。然而，這樣的功能失常是很少見的，諮詢寶寶維修員，來提供診斷和更多資訊。

睡眠呼吸中止症：這個生理狀況，會在睡眠中暫時壓縮寶寶的呼吸道，此時，寶寶體內的系統會叫醒他繼續正常呼吸。症狀包括在睡覺時打鼾或呼吸聲很大、睡覺時咳嗽或嗆到、睡覺時流汗、睡覺時疑惑或害怕地驚醒，這樣的寶寶，可能也會有睡眠剝奪症的症狀。

【專家提示】如果寶寶在睡覺的時候呼吸有困難，用一隻手指輕敲他的腳底把他喚醒，絕對不要用力搖晃寶寶來刺激呼吸。

睡眠剝奪症：如果寶寶夜裡醒來的次數很頻繁，他的睡眠可能被剝奪了，症狀包括暴躁不安和易怒，而且白天在車上或推車裡小睡的時間過長。如果你認為寶寶的睡眠有被剝奪的現象，試著建立更規律的睡眠作息；如果這個方法仍然行不通，請諮詢寶寶維修員。

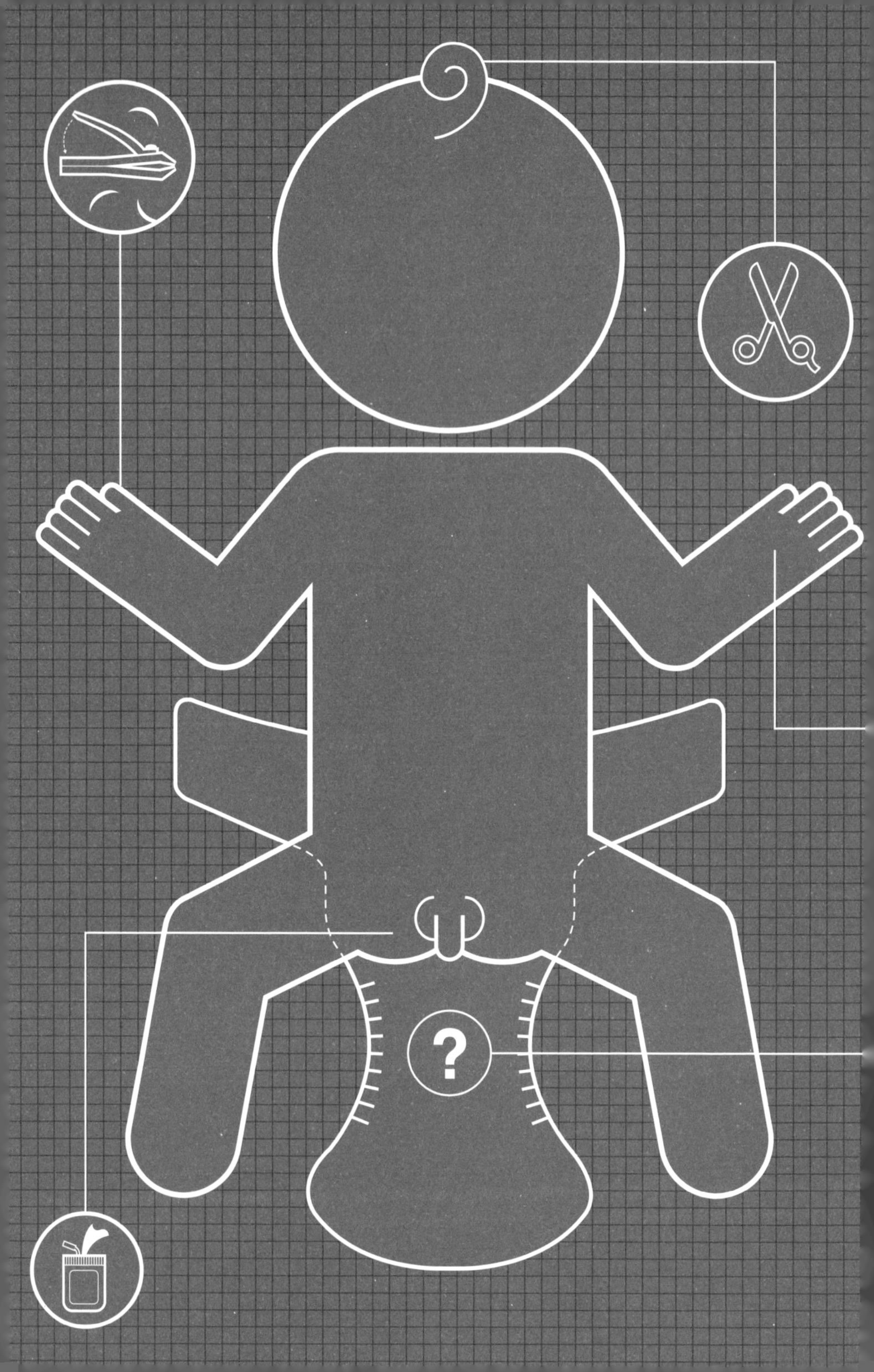

# 第五章

# 一般維護

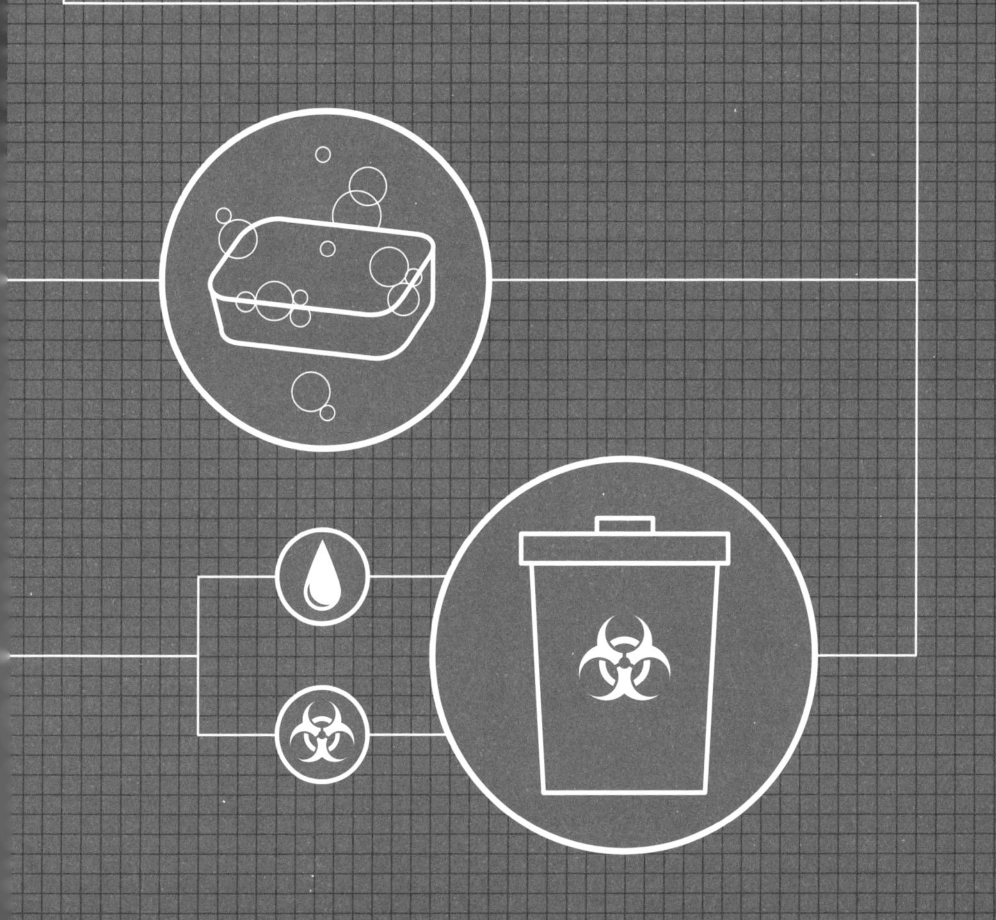

# 認識與放置尿布

在寶寶生命的頭一年，你每天要重新放置尿布無數次。雖然許多使用者覺得這個過程很乏味，但它的好處遠大於其不便性；勤換尿布是預防尿布疹最有效的方法，否則會讓寶寶的皮膚不舒服和有所損害。

## 建立與擺設尿布檯

在放置尿布前，將所需的材料先準備好，是很重要的。有經驗的使用者，會將這些用品放在家裡的主要更換地，通常稱之為尿布檯。

尿布檯：尿布檯的平面，應該比你的腰部高上幾吋。有些使用者會在製造商那邊購入此項用品，有人則在矮櫃、矮書櫃或一般的桌子上，放一塊泡棉材質的尿布墊。任何一種方法都可以，但你用的桌子，最好下面有儲放空間收納備品。

尿布：寶寶第一個月的時候，大概要更換至少300片尿布，請依此準備，收納功能好的尿布檯，至少要能放12片備用尿布。

廢棄物儲存桶：在尿布檯旁放一個中型的垃圾桶（有蓋），髒的尿布可以丟在裡面等待清理或丟棄，裡面應該要套上塑膠袋，並且經常清空，以減少臭味。

【專家提示】如果你要清洗寶寶的布尿布，不要把它跟其他衣物一起清理。先將尿布用熱水泡在洗衣機裡，然後清洗兩次，以寶寶專用的洗衣精取代含有害化學物質的洗衣精，因布料乾了以後仍會含有害的化學物質，須避免。

清洗用品：一小碗溫水、半打清洗巾或棉片應該足夠。很多使用者習慣用寶寶濕紙巾，但在寶寶第一個月的時候應該避免；大部分的濕紙巾含有酒精，會讓寶寶的皮膚變得乾燥。滿一個月以後，如果寶寶沒有尿布疹，就可以使用濕紙巾。

護膚霜、乳液和軟膏：這些產品能夠治療、舒緩和改善寶寶的皮膚，有需要的時候購買，並放在尿布檯附近。大部分的維修員都不再建議使用爽身粉讓患部乾燥，因為如果寶寶吸入大量的滑石粉，可能會導致呼吸道的問題。如果你還是要使用爽身粉，倒在你的手上——而不是寶寶身上，然後輕輕地幫寶寶塗抹。

寶寶備用衣物：寶寶是很難預測的，他們可能在換尿布的過程中排泄，排泄物可能會用噴的或拋物線射出，要事先預防，在手邊多準備一套寶寶衣物。

旋轉鈴或玩具：這些簡單的道具，可以在重新放置尿布時娛樂寶寶。

尿布袋（媽媽包）：在你和寶寶外出時，應該隨時攜帶尿布袋，裡頭要有毛巾、攜帶式尿布墊、尿布、備用別針（如果你使用布

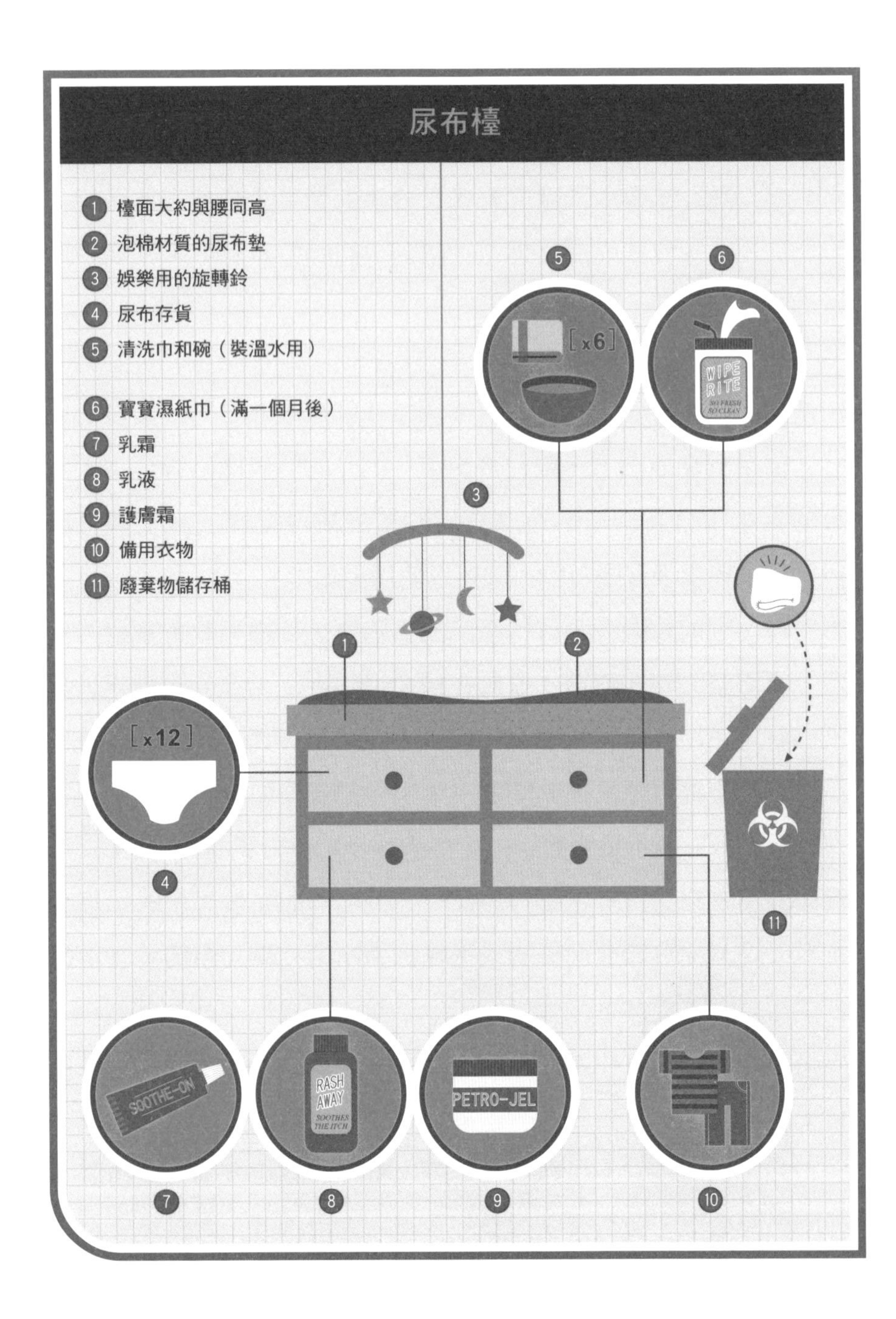

尿布檯
1 檯面大約與腰同高
2 泡棉材質的尿布墊
3 娛樂用的旋轉鈴
4 尿布存貨
5 清洗巾和碗（裝溫水用）
6 寶寶濕紙巾（滿一個月後）
7 乳霜
8 乳液
9 護膚霜
10 備用衣物
11 廢棄物儲存桶
[x6]
WIPE RITE
[x12]
SOOTHE-ON
RASH AWAY
SOOTHES THE ITCH
PETRO-JEL

尿布）、棉片、清洗巾或濕紙巾、裝有溫水的保溫罐、護膚霜、一套備用衣物和一兩個小玩具，並定期補充內容物。

吹風機（非必須）：使用能設定冷風的吹風機，能使寶寶的屁股加速乾燥。

## 布尿布與拋棄式尿布

　　現今的寶寶所有者，要在布尿布（可清洗和再次使用）和拋棄式尿布（使用一次便丟棄）間選擇，這項決定，對寶寶的功能運作和表現僅有極小的影響。根據你自己的需求和情況決定，並考慮以下的好處：

### 布尿布

- 寶寶的膚觸較柔軟
- 較拋棄式尿布經濟實惠
- 不浪費垃圾掩埋的空間

### 拋棄式尿布

- 較能吸收寶寶的排泄物
- 置放換穿較布尿布快速
- 不浪費水和洗衣精
- 方便攜帶

## 安裝放置尿布

如果寶寶聞起來有臭味，或沒有明顯原因卻開始哭泣，他的尿布可能需要換新。只要經過練習，使用者能簡單地摸一下和感覺一下重量，就確定尿布的狀態，或者把一隻手指輕輕地伸進尿布裡確認濕的程度。在將髒尿布移除前，要確定準備好所有必須的工具。

【注意】絕對不要將寶寶獨自留在尿布檯上。

〔1〕讓寶寶躺在尿布檯上，並解開尿布。

〔2〕將尿布的前片拉開，並確認尿布裡的東西（圖A）。如果只是尿布濕了，進行步驟6。

〔3〕將寶寶的腿舉起，以保持乾淨。用一隻手把兩腳抓住，輕輕地舉起，高於寶寶的肚子。

〔4〕用尿布乾淨的一角，擦拭黏在寶寶皮膚上的排泄物（圖B）；男寶寶由後往前擦，女寶寶由前往後擦（可減少陰道感染的風險）。

【專家提示】任何放置新尿布的人，都有被液體排泄物噴到的危險，在寶寶的小弟弟或小妹妹上蓋一塊布，可以減少這樣的風險。

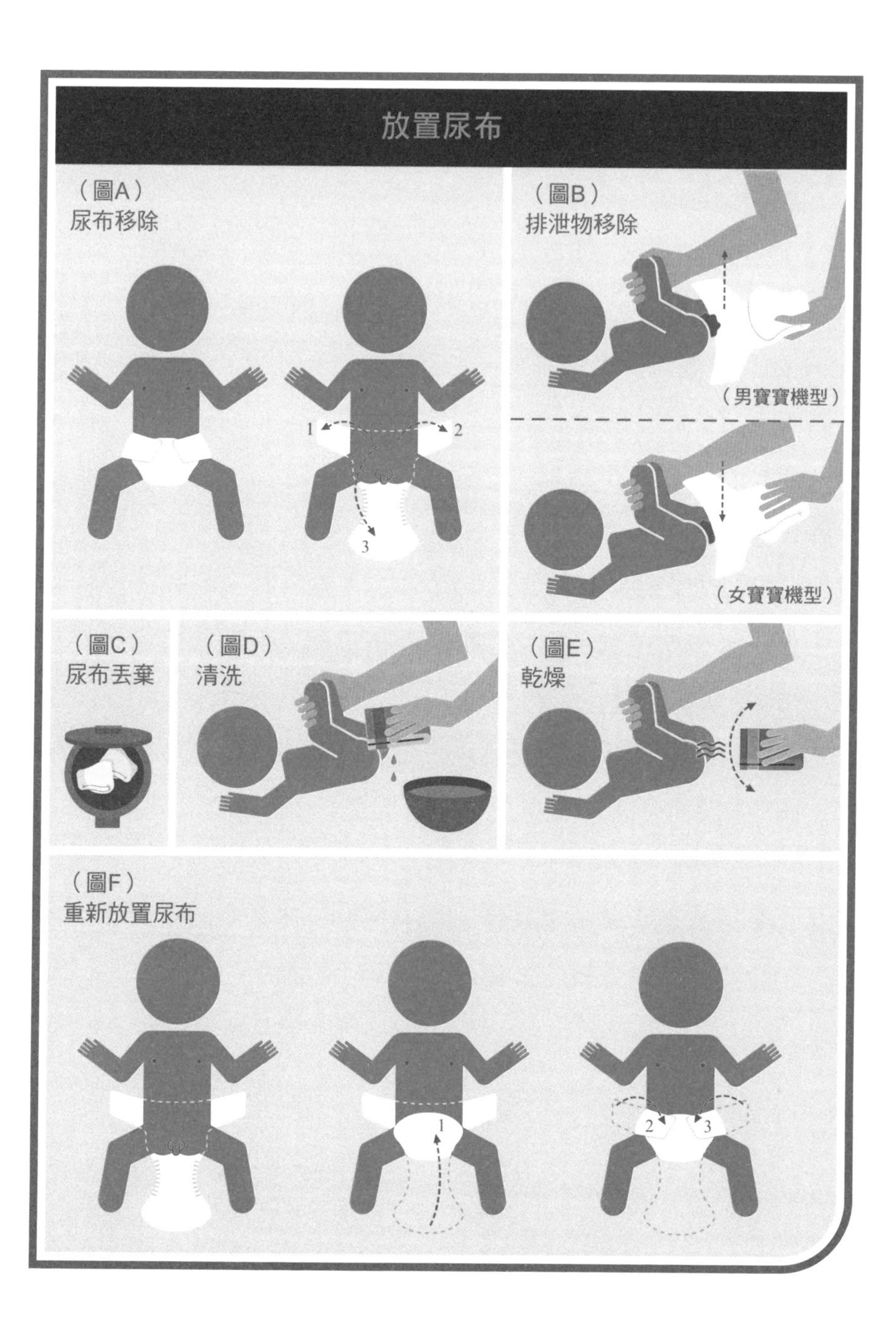
放置尿布
（圖A）
尿布移除
1
2
3
（圖B）
排泄物移除
（男寶寶機型）
（女寶寶機型）
（圖C）
尿布丟棄
（圖D）
清洗
（圖E）
乾燥
（圖F）
重新放置尿布
1
2
3

〔5〕將髒尿布移除（圖C）。

〔6〕用棉片或洗澡巾沾溫水清潔，每擦一次，就搓洗清潔一下棉布（圖D）。

〔7〕用棉布搧風或輕拍拭乾（圖E），用吹風機冷風模式，可以加速乾燥的過程，但有些寶寶機型會被吹風機的噪音嚇到。

〔8〕如果要放置拋棄式尿布，先將尿布完全打開，然後攤在寶寶身體下方。此時黏膠處在後方，將寶寶放在尿布的正中央，將尿布前片拉起，蓋住生殖器，然後將兩側分別固定（圖F），進行步驟10。

〔9〕若要放置布尿布，首先將尿布摺成三角形，將寶寶置於尿布中央，將頂點拉起，把一側折起並稍加固定，然後折起另外一側，用安全別針固定。

〔10〕此時尿布應該是合身的——但不是緊身，固定於寶寶的腰部，確認在尿布跟肚子之間，你可以放進一或兩根手指。

【注意】如果寶寶臍帶還沒掉，在固定前，將尿布的前片往下折約2.5到5公分，不要包到臍帶的地方。

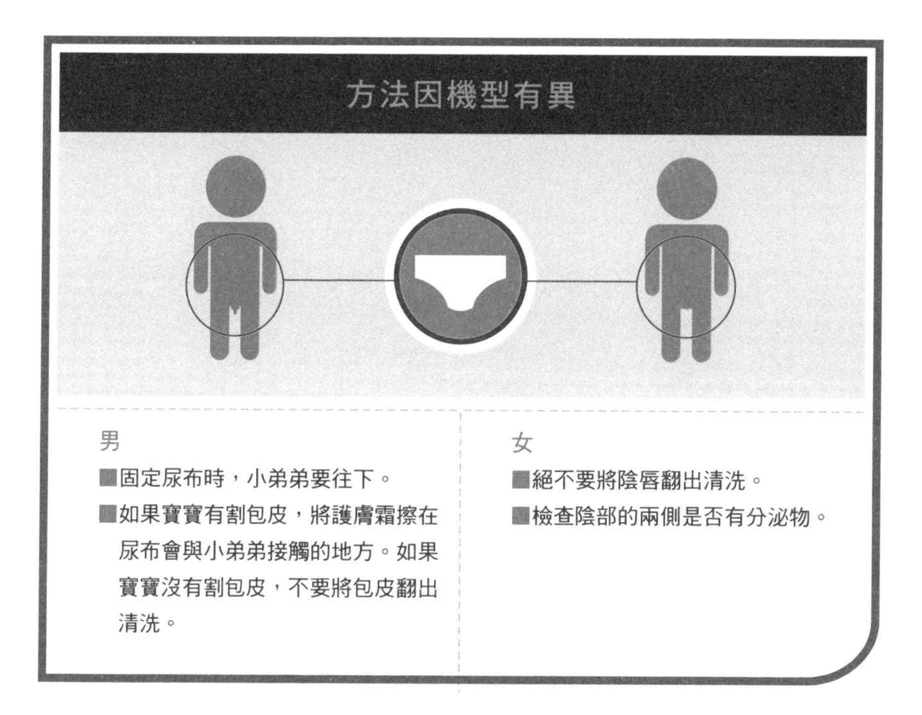

方法因機型有異
男
■固定尿布時，小弟弟要往下。
■如果寶寶有割包皮，將護膚霜擦在尿布會與小弟弟接觸的地方。如果寶寶沒有割包皮，不要將包皮翻出清洗。
女
■絕不要將陰唇翻出清洗。
■檢查陰部的兩側是否有分泌物。


## 了解與治療尿布疹

接觸尿布的任何地方，都可能有發炎狀況，一般來說是屁股、生殖器、下腹部和大腿。最常見的是接觸性尿布疹，會發紅和（或）小疹子；接觸性尿布疹，常常因為寶寶長時間接觸濕尿布而發生（濕氣使得皮膚對發炎更加敏感）。

治療接觸性尿布疹最好的方法，就是事先預防。經常更換尿布，特別是在清醒時及大便之後，減少寶寶接觸排泄物的機會。如果用以下的方法加以處理，紅疹會在三到五天之內消失；如果紅疹未消，聯絡寶寶維修員。

〔1〕在放置新尿布以前，用棉布沾溫水，清潔寶寶機型的生殖器和屁股，濕紙巾裡的酒精和乳液成分會讓紅疹惡化。

〔2〕以輕拍的動作清潔，過度的擦拭會使紅疹惡化。

〔3〕讓寶寶屁股自然風乾，或是用吹風機的冷風來加速這個過程，不要用拍打的方式讓它乾燥。如果寶寶屁股還是濕的，不要放置新尿布。

〔4〕如果紅疹持續未消，在患處擦上溫和的藥膏，然後再將護膚霜擦在藥膏上，讓患處保持濕潤，且可避免藥膏被尿布摩擦掉。

〔5〕如果發炎的地方有水泡，寶寶可能有細菌疹，請與寶寶維修員聯絡。

〔6〕如果發炎地方的周圍有小紅點，寶寶可能有黴菌感染，請與寶寶維修員聯絡。

## 追蹤寶寶排泄物的運作

積極研究寶寶的排泄物運作，是很稀鬆平常的，許多使用者會用圖表來記錄其寶寶機型排泄物的狀態。這個資訊，對寶寶維修員是很有參考價值的，特別是如果寶寶拉肚子或便秘的時候。

### 膀胱運作

不同機型的寶寶表現各不相同，但幾乎所有機型每天都會排尿四到十五次。如果寶寶每天的濕尿布少於四次，可能是生病或水分攝取不足，需聯絡寶寶維修員。

在追蹤寶寶的膀胱功能時，每一片濕尿布視為一次膀胱的運作，即使寶寶在同片尿布上尿了二或三次，在相對的記錄格上畫一槓（｜）。

下頁中的範例圖表，為典型的一周膀胱運作模式。複印附錄中的空白表格，以記錄寶寶的膀胱運作。

【專家提示】許多拋棄式尿布吸收力非常好，以至於很難分辨是否已經尿濕，在尿布上放一塊棉紗布，可以幫助你知道尿布是否真的濕了。

## 腸道運作

觀察寶寶腸子運作，三個最主要的特徵是頻率、顏色和質地。一個健康的寶寶，在下列範例的情況中會有不同的表現。

頻率：寶寶每天最多可以排便八次，最少三次。母奶寶寶通常比喝配方奶的寶寶排便次數要多，因為母奶有幫助排便的效果。

顏色：寶寶出生的第一個禮拜，會排出本來由羊水所吸收的胎便，這種黑綠色的物質原本就存在於寶寶的腸道中，在正常消化開始前必須排出。一個禮拜過後，寶寶的排泄物慢慢變綠，最後變成芥末黃（母奶寶寶）或棕褐色（配方奶寶寶）。一旦寶寶開

## 寶寶膀胱運作

機型姓名

| 星期 | 日期 | # 膀胱運作次數 |
| --- | --- | --- |
| 日 | 12/21 | 卌 II |
| 一 | 12/22 | 卌 II |
| 二 | 12/23 | 卌 IIII |
| 三 | 12/24 | 卌 III |
| 四 | 12/25 | 卌 IIII |
| 五 | 12/26 | 卌 III |
| 六 | 12/27 | 卌 II |

# 寶寶腸道運作

機型姓名 ______________________

| 日期 | 時間 | 顏色 | 質地 | 排出狀況 |
|---|---|---|---|---|
| 12/21 | 10:15am | yellow | seed-thin | ☒ 容易 ○ 困難 |
| 12/21 | 1:30pm | green | seedy | ☒ 容易 ○ 困難 |
| 12/21 | 3:00pm | tan | thick | ○ 容易 ☒ 困難 |
| 12/21 | 6:00pm | yellow | seedy | ☒ 容易 ○ 困難 |
| 12/21 | 8:00pm | tan | thick | ○ 容易 ☒ 困難 |
| 12/22 | 11:00am | yellow | seedy | ☒ 容易 ○ 困難 |
| 12/22 | 2:00pm | green | thick | ○ 容易 ☒ 困難 |
| | | | | ○ 容易 ○ 困難 |
| | | | | ○ 容易 ○ 困難 |
| | | | | ○ 容易 ○ 困難 |
| | | | | ○ 容易 ○ 困難 |
| | | | | ○ 容易 ○ 困難 |
| | | | | ○ 容易 ○ 困難 |
| | | | | ○ 容易 ○ 困難 |

始吃副食品，排泄物的顏色會依餐食的不同而有所改變。
質地：胎便通常很黏稠像柏油一樣，母奶寶寶的便便較水而且會有顆粒在裡面，喝配方奶的寶寶糞便會較硬，質地像軟化的奶油。

前頁中的範例圖表，為典型一周腸道運作模式。複印附錄中的空白表格，以記錄寶寶的腸道運作。

## 為寶寶清洗

為了確保品質，每個寶寶機型使用二或三天以後皆須清洗。如果寶寶的臍帶還沒掉，建議你用海綿輕輕擦洗就好；一旦臍帶掉落，你可以改用盆浴。等寶寶夠大的時候，才可以在浴缸裡洗澡。

在清洗寶寶以前，要確定手邊有以下物品（圖A）：

■乾毛巾
■乾淨衣物
■新尿布
■洗澡巾或清潔海綿
■小杯子或臉盆
■梳子（非必須）
■洗髮精（非必須）

【專家提示】為確保寶寶的舒適，我們建議你在洗澡的時候，暫時將室溫提高到23℃。

## 海綿浴（圖B）

〔1〕準備兩盆溫水，一盆肥皂水，一盆清水，並使用寶寶專用的肥皂。

〔2〕將寶寶放在平坦面的毛巾上，或是你的腳上。

〔3〕脫掉寶寶的衣服。如果你的寶寶機型不介意脫光，就脫掉所有的衣服，只留下半身以乾毛巾裹住，否則就要一次只脫掉部分的衣物做清洗。

〔4〕以棉布或海綿沾肥皂水塗在寶寶身上，一次清洗一個區域。

〔5〕用洗澡巾沾清水，以按壓的方式幫寶寶洗淨泡沫。

〔6〕清洗寶寶的臉。用洗澡巾沾清水輕拍寶寶的臉，用由內向外、輕輕按壓的方式，記得清洗寶寶的後耳和脖子的皺褶處。

【注意】
- 不要洗到臍帶。
- 避免將割過包皮的陰莖弄濕，直到痊癒為止。
- 不要清洗陰部裡面。

〔7〕清洗寶寶的頭髮。

〔8〕用毛巾將寶寶包起來，並輕拍至乾。

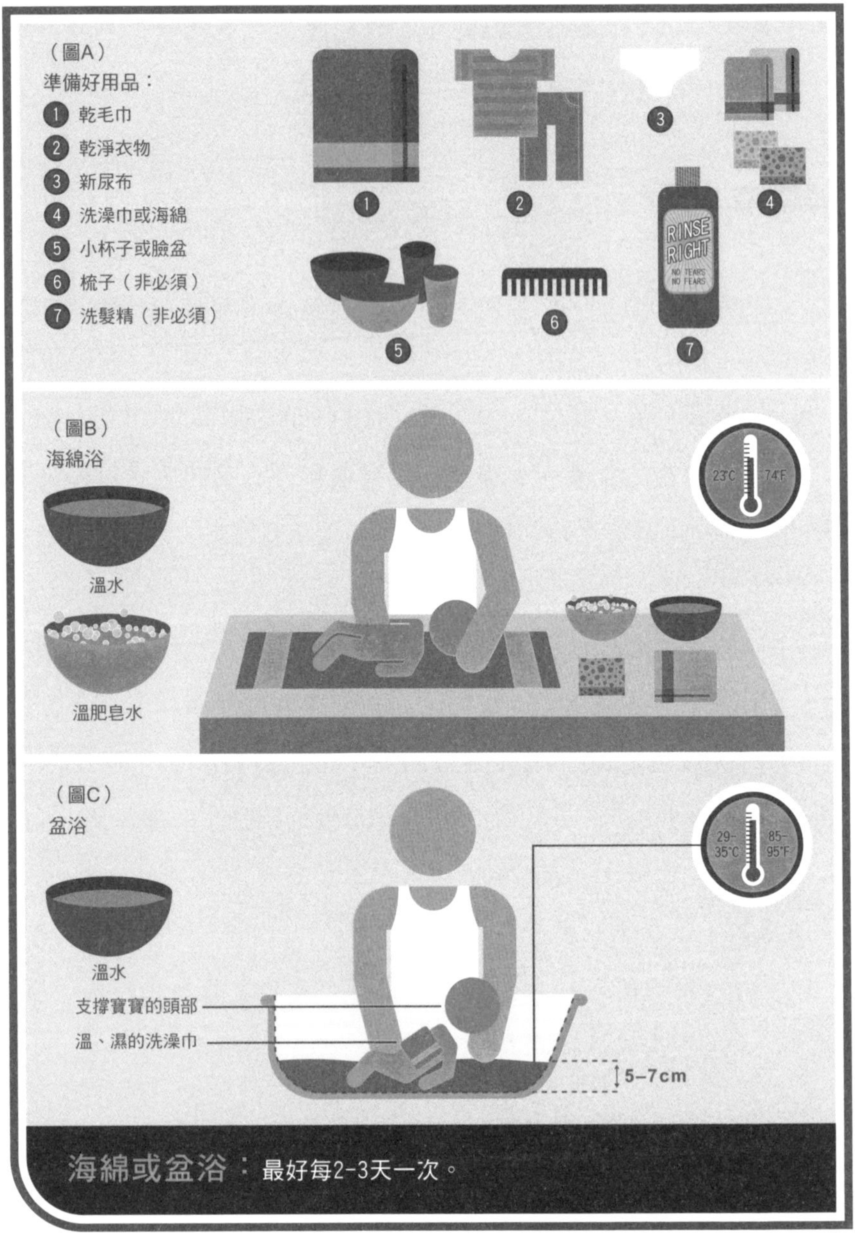

（圖A）
準備好用品：
1 乾毛巾
2 乾淨衣物
3 新尿布
4 洗澡巾或海綿
5 小杯子或臉盆
6 梳子（非必須）
7 洗髮精（非必須）
RINSE RIGHT
NO TEARS
NO FEARS
（圖B）
海綿浴
溫水
溫肥皂水
23°C
74°F
（圖C）
盆浴
溫水
支撐寶寶的頭部
溫、濕的洗澡巾
29-35°C
85-95°F
5–7cm
海綿或盆浴：最好每2-3天一次。

〔9〕如果寶寶的臍帶還沒掉，不要將該區域弄濕或清洗，檢查是否癒合良好，可以用棉花棒沾酒精，清理周圍，以減少感染的風險。

〔10〕重新放置尿布，並幫寶寶把衣服穿上。

## 盆浴（圖C）

〔1〕拿一個小澡盆、盆子或用洗臉檯，然後掛上墊子或毛巾。

【注意】絕對不可以讓寶寶獨自在盆中，就算只有2.5-5公分的水也可能讓寶寶溺水。

〔2〕將盆子注入5-7公分深的溫水，用溫度計測量水溫——應介於29-35℃；如果你沒有溫度計，將你的手肘沾一下水，來測量舒適度。如果水對你來說太燙，對寶寶也會太燙，視需要調整並重新檢查水溫。

〔3〕幫寶寶脫衣服。

〔4〕將寶寶放進浴盆裡，用手支撐寶寶的頭、頸和肩膀於水面上。

【專家提示】將一條洗澡巾沾濕並放在寶寶胸前，在洗澡時潑水在上面，這可以幫助寶寶在清洗身體其他部位時保持溫暖。

〔5〕清洗寶寶。把寶寶專用的肥皂沾在洗澡巾上，並用它幫寶寶清洗。洗澡時，持續用一隻手支撐寶寶的頭、頸和肩膀。

〔6〕清洗寶寶的頭髮。

〔7〕幫寶寶沖洗。用小杯子從水龍頭裝滿溫水，沖洗殘留的肥皂。

【注意】如果家中的熱水器壞掉，水龍頭流出的熱水可能是滾燙的，浴盆未加水前，絕對不要將寶寶放進去。要放寶寶進浴盆前，一定要測溫。

## 浴缸泡澡

到了第六個月，大部分寶寶的體型會比澡盆大，可以改用標準成人尺寸的浴缸，寶寶變得更加好動，因此洗澡程序需要稍加調整。到了這個階段，使用者每週仍需持續幫寶寶洗澡二到三次。

【注意】絕對不要讓寶寶獨自在浴缸中，只要有2.5-5公分的水，就會使寶寶溺水。

〔1〕在浴缸放置塑膠沐浴墊來預防滑倒（圖A）。

〔2〕將水龍頭和把手包起來。用小毛巾或從購買特製的套子，這樣的套子可以避免寶寶調整開關或不小心撞到頭（圖C）。

（圖A）
放置沐浴墊
（圖B）
適當的水位
29–35°C
85–95°F
5–7cm
（圖C）
安全措施
用特製的套子
或毛巾
將把手和水龍頭
包起來
（圖D）
正確的操作步驟
（圖E）
增加洗澡的樂趣
洗澡的步驟：安全、有趣、乾淨。

〔3〕將浴缸注滿溫水。

〔4〕測量水位。不論你是與寶寶一起在浴缸裡，或是蹲在浴缸旁邊，水的高度都應該要低於寶寶的腰部——大約5-7公分高（圖B）。

〔5〕先將熱水關起來。確定水龍頭已經關緊，可以避免水龍頭滴水或漏水燙傷寶寶。

〔6〕測量水溫。溫度應該在29-35℃之間，用溫度計量，或用你的手肘沾水測試舒適度。

【專家提示】為了避免意外的燙傷，確認熱水器的溫度計溫度低於44℃。

〔7〕視需要調整水溫。

【專家提示】如果寶寶看起來好像不想洗澡，你可以進浴缸跟他一起洗。如果你只有一個人在家，進浴缸時先將寶寶放在一旁的地墊上，然後再將寶寶抱進來，出浴缸時步驟相反。若你有另一位使用者協助，你先在浴缸裡坐好，再請幫手把寶寶抱給你，要出浴缸時則先把寶寶抱給另一位使用者。絕對不要抱著寶寶進出浴缸，一旦跌倒可能會受傷，使寶寶功能失常。

〔8〕雙膝跪在浴缸邊，輕輕地讓寶寶坐入水中（圖D）。

〔9〕讓寶寶在洗澡前，有點時間先玩水。剛開始的時候，寶寶可能不願意進到浴缸，用會噴水、會浮起來或其他的洗澡玩具來玩遊戲，讓洗澡變得有趣（圖E）。

〔10〕清洗寶寶。

【注意】寶寶——特別是女寶寶機型，如果長時間泡在有肥皂水或洗髮精的浴缸裡，特別容易尿道感染，泡澡後，最後一定要清洗。

## 清洗頭髮

即便你的寶寶原廠並未配有頭髮，每三到五天幫他洗頭，還是很重要的，這可以減低漏脂性皮膚炎的風險。使用寶寶專用的洗髮精。

〔1〕用乾淨的溫水，將頭髮或頭打濕。

〔2〕將少量的洗髮精（約鉛筆頭橡皮擦的大小）搓出泡泡，抹在寶寶頭上，當你洗到囪門的時候要特別輕柔。

〔3〕讓寶寶躺下然後沖洗，用小杯子盛乾淨的溫水沖洗頭部，小心避免洗髮精噴到寶寶的眼睛和耳朵。

〔4〕用毛巾拍乾。

## 清理耳朵、鼻子和指甲

大部分的寶寶機型在洗澡、擦乾和穿好衣服後，會拒絕其他清理動作，所以許多使用者會利用其他時間進行這些步驟。

耳朵：使用嬰兒專用的棉花棒，清理外耳的耳屎或汙垢。寶寶的耳朵裡或外面有水，與內耳感染並不絕對相關，無須擔心。

【注意】沒有必要清理你看不到的地方。將棉花棒（或其他物品）隨便放進耳道或鼻腔，可能會造成功能失常。

鼻子：使用嬰兒專用的棉花棒——用一點點水沾濕，可以軟化鼻黏液——清理寶寶的鼻腔內部。

指甲：使用專為嬰兒設計的指甲剪，可幫助你更輕易修剪。用修剪你自己指甲的方式為寶寶修剪，腳趾甲直接平剪；如果寶寶十分抗拒，可以改用磨甲板修整手指甲。

【專家提示】如果寶寶不願意剪指甲，等寶寶睡著以後再剪，可以減低受傷的風險。

## 清潔和刷洗寶寶的牙齒

大部分寶寶會在四到十二個月之間長出牙齒，但寶寶並沒有內建自我清理牙齒的功能，照顧這些乳牙，是使用者的責任。

剛開始，使用者只需要用一塊柔軟的棉布清潔牙齒，當牙齒長出來而且數量變多以後——當寶寶十到十二個月大時，使用者可以購買牙刷。市面上可以買得到專為寶寶設計的牙刷，或者使用者可以選擇有小刷頭和軟刷毛的一般牙刷。在嘗試刷牙前，先給寶寶玩和咬一下牙刷，讓寶寶認識牙刷並有助於減緩長牙的疼痛。

### 清潔

每日兩次，依照下述的步驟清潔牙齒。

〔1〕將乾淨的棉布或一片紗布用溫水沾濕。

〔2〕用大拇指和食指夾起一點棉布。

〔3〕輕輕將棉布覆蓋在牙齒上，往下移動至牙齦處後輕壓。

〔4〕移動棉布的時候，順便擦拭牙齒。

〔5〕將所有牙齒重複以上步驟兩次。

### 刷牙

從棉布改成牙刷潔牙前，先與寶寶維修員確認更換的時機是正確的。

〔1〕用溫水將刷毛沾濕。

〔2〕擠出半顆豌豆大的兒童專用含氟牙膏到牙刷上，大部分的成人牙膏，都不建議給三十六個月以下的孩童使用。

〔3〕讓寶寶坐在你的大腿上面對你，或是抱著他面對鏡子。

〔4〕將牙刷放進他的嘴巴，然後用刷毛摩擦牙齒，力道要輕且用畫圓的方式，刷得太用力會傷害寶寶的牙齦。

〔5〕給寶寶喝一小口水，沖洗口腔。

【注意】一定要在啟動睡眠模式以前清潔寶寶的牙齒，牙齒上有牛奶的殘留物，會造成蛀牙。

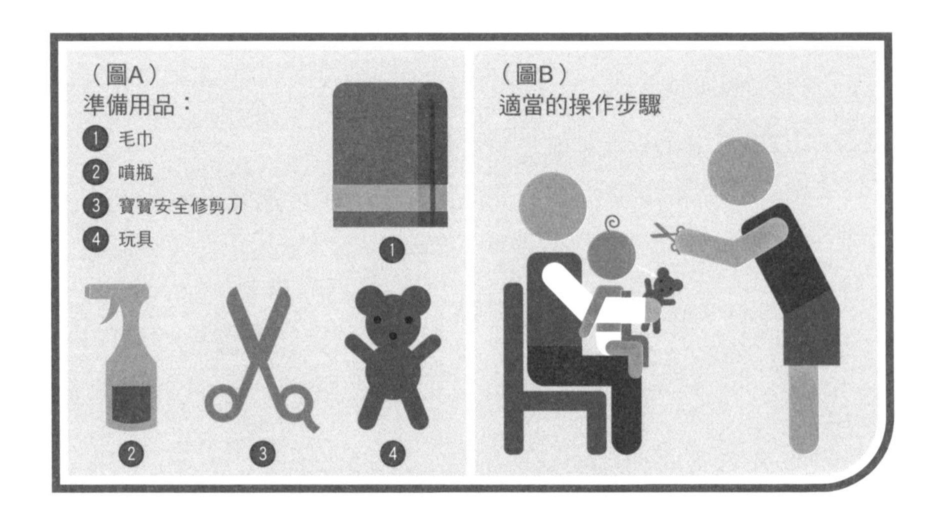

# 修剪寶寶的頭髮

第一年時，有些使用者會將寶寶的頭髮剪短。第一次將頭髮剪短，可能不會馬上長出新的頭髮，不要因此感到擔憂，寶寶並沒有發生功能上的問題。當寶寶稍大，頭髮就會正常地生長。

〔1〕將所需用品準備好，你需要一位助手、一條毛巾、一個裝水的噴罐、寶寶安全修剪刀，以及一個玩具（或者可以讓寶寶分心的類似物）（圖A）。

〔2〕讓寶寶坐在助手的腿上面對你，將寶寶脖子以下用毛巾蓋住（圖B）。

〔3〕將寶寶的頭髮弄濕。用手遮住寶寶的眼睛，然後用噴灌將水細細噴灑到寶寶的頭上。

〔4〕不要讓寶寶對剪刀引起興趣，否則他可能會試圖抓它，使得修剪的過程變得困難且危險。助手應該用鏡子、氣球、玩偶或其他有趣的東西，轉移寶寶的注意；播放電視也能吸引寶寶，讓他能夠靜下來坐好。

〔5〕用你的食指抓起一小撮頭髮，然後用剪刀修剪。

〔6〕重複以上動作，直到所有頭髮都剪到所需的長度。

【專家提示】如果寶寶抗拒，你可能無法在當下將修剪工作完成，只要先剪最長、最麻煩的那部分頭髮就好。

# 為寶寶著裝

特定配件的使用，我們稱之為衣服，可以保護寶寶不直接受到陽光、濕氣、刮傷、灰塵和其他常見危險物的傷害；更重要的是，衣物可以幫助寶寶調節身體內部溫度。這樣的配件，可以在許多專門店內購得。

避免讓寶寶穿得太暖是很重要的，否則你會將他暴露在嬰兒猝死症的危險之下。建議你將室溫維持在20℃，然後讓寶寶比你多穿一件（如果你覺得穿一件內衣剛好，寶寶則穿一件內衣和一件薄襯衫），蓋一件毯子等同多穿一件衣物。

〔1〕白天要選擇容易穿脫的衣物，選擇有寬領口、伸縮布料、鬆袖和開襟的衣服，晚上的衣服要是防火且貼身的。

〔2〕讓寶寶躺在床或尿布檯上，如果你已經幾個小時沒有重新放置新的尿布，檢查一下是否需要更換。

〔3〕寶寶可能會抗拒換衣服，想辦法引開他的注意，建議你用平緩的音樂、旋轉鈴和玩偶。

〔4〕從寶寶頭頂穿衣服前，要將領口先撐開。寶寶的頭可能比領口還要大，需要你將衣服撐開才能穿下，這不是寶寶的構造設計出了問題，也不代表該機型目前（或未來）的生理外觀會一直這樣。

〔5〕將你的手從衣服袖口穿進去，抓著寶寶的前臂，然後慢慢地

將袖子穿到手臂上，另外一隻手臂重複一樣的動作。穿褲子的時候，也是類似的穿法。

〔6〕拉上拉鍊時，要將衣服拉高遠離身體，以避免夾到寶寶的皮膚。

# 保護寶寶免於熱氣和寒冷

寶寶不該長時間處於極熱或極冷的環境下，帶寶寶到戶外時，採用以下的步驟，保護他處於自然環境中。

## 避免極熱

避免過熱，最好的辦法就是減少陽光的直接照射，別穿太多衣物。用下列物品給寶寶穿，可以維持涼爽，並減少寶寶接受的陽光直射量。

淺色、採緊平織法、寬鬆的棉質衣物：緊平織法的衣物可以避免陽光穿透布料，寬鬆的的棉質衣物可以幫助寶寶調節體溫，淺色有助於光線的反射。

長袖襯衫和長褲：保護寶寶肌膚不直接接觸陽光，有助於維持較低體溫，將露出皮膚的地方蓋起來。

襪子：腳的皮膚對曬傷特別敏感。如果寶寶坐在推車上，通常腳比身體的其他部位暴露在外的機會更多，穿上棉襪，將它們蓋起來。

有帽緣的帽子：保護頭、臉和耳朵。

太陽眼鏡：保護雙眼。眼睛在第一年時特別敏感，市面有售可固定太陽眼鏡的帶子，將帶子牢牢地繫住，避免有勒住的危險。

【注意】寶寶六個月以前不要使用防曬乳，除非無法提供適當的穿著和保護；防曬乳中的化學物質，可能會和寶寶細緻的肌膚產生化學作用或被其吸收。一旦寶寶已經六個月，只要寶寶在陽光下，就可以使用少量的防曬乳，要確認防曬係數至少在15以上且不含PABA。

## 避免極冷

使用者覺得舒適的狀況下，寶寶應該比你多穿一件衣服。當帶寶寶到寒冷的環境時，請用以下物品為其著裝。

保暖的帽子：避免熱氣從頭頂散出。

嬰兒鞋和手套：蓋住寶寶的四肢末端，有助身體保持溫暖。

冬天的大衣外套：最外層保護寶寶避免寒冷，或是突然降下的風雪。

毯子：依氣候的嚴重度而定，替寶寶蓋上毯子保暖。

【專家提示】如果你打算用汽車移動，寶寶坐上汽車座椅前先暖車；如果你會在車上超過十五分鐘，將寶寶的外套脫下，讓他能自行調節體溫。

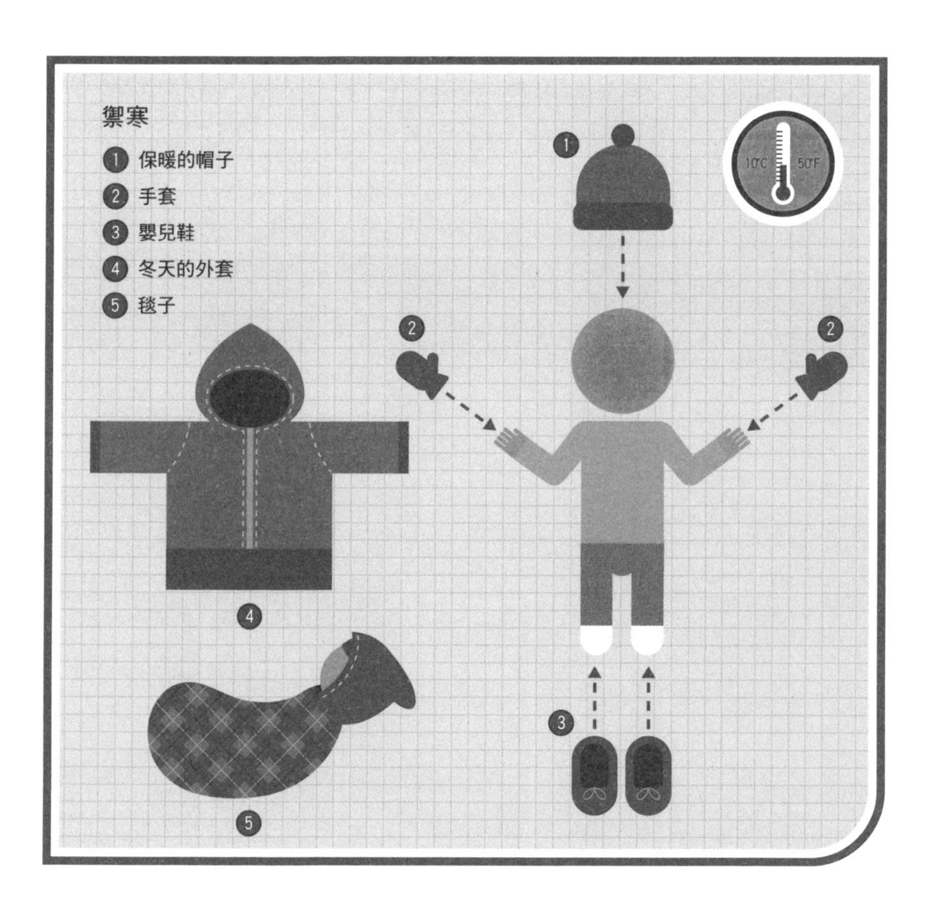

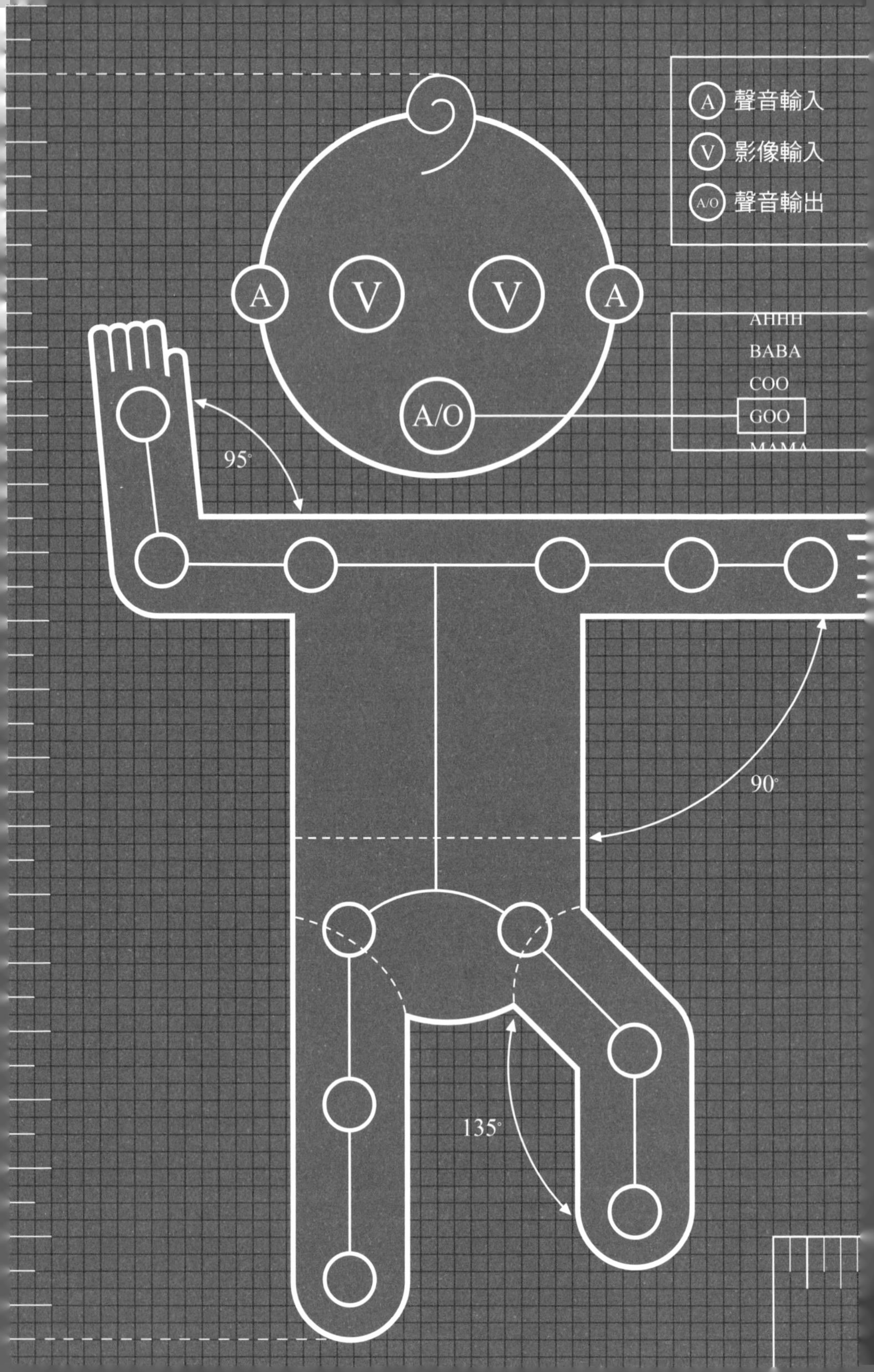

A 聲音輸入
V 影像輸入
A/O 聲音輸出
A
V
V
A
A/O
AHHH
BABA
COO
GOO
95°
90°
135°

第六章

# 生長與發展

# 追蹤寶寶的活動與感官應用系統

所有的寶寶機型發展皆不相同，以下提供一般性的指南，告訴你大部分的機型在寶寶人生中最重要的第一個月應有的發展。就算你的寶寶機型無法在第一個月達到這些里程碑，他也可能很快就會完成，注意觀察是否有發展缺失。

## 視覺感應器（視力）

在第一個月的最後，寶寶應該能夠看到距離30公分以上的物體，也能夠從一側「追蹤」物體到另一側。

比起東西，寶寶更喜歡看人臉；比起彩色的物體，大部分的寶寶機型較喜歡看黑白物體，這是內建的喜好設定，無法由使用者改變。當寶寶漸漸成熟，這樣的設定自然會有所改變。

## 聽覺感應器（聽力）

在第一個月的最後，寶寶的聽力應該已經完全發展成熟，他應能認得聲音，並對熟悉的聲音有所回應。如果使用者想要加強寶寶的聽覺感應器，可以播放音樂、講話或唱歌給寶寶聽，這些活動都能加速寶寶原有的發展率。

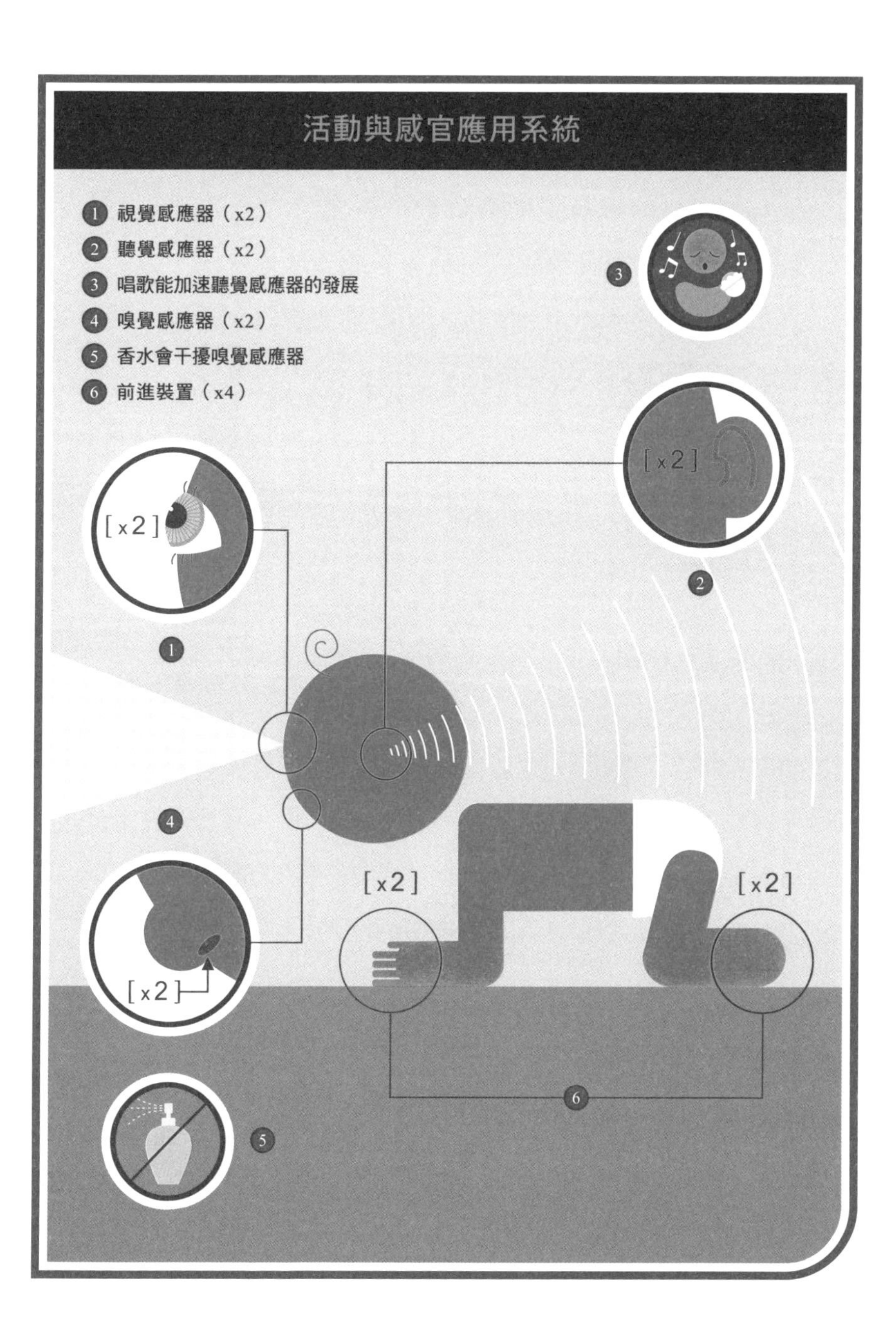
活動與感官應用系統
1 視覺感應器（x2）
2 聽覺感應器（x2）
3 唱歌能加速聽覺感應器的發展
4 嗅覺感應器（x2）
5 香水會干擾嗅覺感應器
6 前進裝置（x4）
[x2]
[x2]
[x2]
[x2]
[x2]

## 前進裝置（動作）

在第一個月的最後，所有寶寶機型應該會意識到他們有手臂、腿、手和腳。寶寶應該能夠握緊拳頭並放進嘴巴，他能有少許但並非完全的頭部和頸部支撐力，雖然寶寶已經可以開始把頭抬起，但他仍需要外力的支撐。

使用者若希望加強寶寶的前進裝置，應試著讓寶寶趴著，這可幫助發展頭和頸部的力量。玩寶寶的手臂和腿，則有助於了解這是他們身體的一部分。

## 嗅覺感應器（聞）

在第一個月的最後，寶寶的嗅覺感應器能夠辨認媽媽和奶的味道。使用者若希望加強寶寶的嗅覺感應，應在寶寶出生後的前幾個月，避免使用香水、古龍水，或是有香味的肥皂，這類產品的使用，會影響寶寶辨別使用者味道的能力。

【專家提示】寶寶如果在第一個月結束時，還未能達到這些里程碑，使用者也無須過分擔心，每個寶寶機型發展的速度都不同。然而，如果寶寶對很大的聲響沒有反應、不常舞動他的手腳、無法追蹤物體或眼前有光線卻不眨眼，你應該與寶寶維修員聯絡。

# 測試寶寶的反射

寶寶出生就內建有多項反射能力，來確保維持生存和加速對環境的適應。

反射是一種因對肌肉的刺激而直接傳導出的非自主性動作。下述方式，可以對寶寶內建的反射功能進行簡單的診斷。

## 吸吮反射

這項反射幫助寶寶在出生後的前幾週固定食物（母奶或配方奶），通常第一個月結束時，會轉變成有目的性和有意的吸吮。

〔1〕將乾淨的手指、奶嘴或乳頭放進寶寶的嘴裡。

〔2〕寶寶應該會用嘴巴的上顎和舌頭將東西夾住，此時舌頭會在物體上前後移動，形成吸吮。

## 覓乳反射

這項反射可以幫助寶寶尋找食物，在前四個月時會有意地轉頭尋找乳房或是奶瓶。

〔1〕用搖籃式懷抱寶寶並輕敲他的臉頰，寶寶應該會轉向受到刺激的那一側，嘴巴會張開準備接受食物。

〔2〕對另一側的臉頰重複此動作。

## 莫洛氏（驚嚇）反射

這項反射會讓寶寶的手腳向外迅速伸出，然後往胸前縮回，巨大的噪音和突如其來的動作都會引發這項反射。這樣的反射現象，會在四到六個月的時候消失。

〔1〕讓寶寶仰躺，等他平靜下來以後（但不是睡著），突然打噴嚏或是咳嗽。

〔2〕寶寶應該要馬上有所反應，甩出手腳並馬上縮回。

【注意】不要用異常的聲響來測試驚嚇反射，只要簡單地觀察寶寶的表現。如果打噴嚏或咳嗽無法引發反射，狗叫聲、敲門聲、大聲說話或其他較大的聲響，或許可以達到目的。

## 手腳抓握反射

這些是能夠引起寶寶握緊手指（手掌抓握反射）或彎曲腳趾（腳底抓握反射）的觸覺反射；前者會在六個月內發展成目的性

地抓取物品，後者則會在一年後消失。

〔1〕用你的手指輕敲寶寶張開的手掌，寶寶應該會把手指收回（或試圖收回）抓住你的手指。

〔2〕用你的手指輕輕劃過寶寶的腳掌，寶寶的腳趾應該會彎曲（或試圖彎曲）。

〔3〕在另外一隻手和腳重複以上動作。

## 步行運動反射

這項反射使寶寶即使在雙腿尚未能支撐的情況下，仍能用自己的雙腳向下踏，此時使用者必須給予支撐協助。大部分的寶寶機型，甚至能夠往使用者的方向前進。

步行運動反射會在幾個月後消失，在將近一歲的時候，由目的性的站立和行走取而代之。

〔1〕抓著寶寶的腋下面對你，用你的手指支撐頭部避免向後仰。

〔2〕坐在椅子上並將寶寶舉起呈站姿，讓他的腳平放在你的大腿上。

〔3〕寶寶的腳應會下壓，好像要支撐自己的重量一樣。

## 頸部強直反射

這項反射能幫助寶寶協調頭部和手臂的動作，通常在寶寶六個月的時候會消失。

〔1〕讓寶寶仰躺。

〔2〕將寶寶的頭輕輕地向右轉。

〔3〕寶寶的右臂應該會伸直，左臂則會向頭的方向彎曲。

〔4〕將寶寶的頭向左轉，他的左臂應該會伸直而右臂彎曲。

## 防禦性反射

這些反射使寶寶能在遇到實際和想像的攻擊者時保護自己，防禦性反射在寶寶的行動控制力變得更精準之前都不會消失。

〔1〕讓寶寶仰躺。

〔2〕在距離寶寶頭頂30公分的地方放一個玩具，然後慢慢地往臉的方向移動。

〔3〕寶寶應該會將他的頭轉向任何一側。

# 第一年的發展里程碑

當寶寶漸趨成熟，會開始達成多項里程碑——但寶寶的表現因機型而異，不是每個寶寶都會在特定時間達成特定的里程碑。

下列里程碑，是各種不同寶寶機型之間的平均值，如果你的寶寶沒有達到這些平均值，請不要驚慌。寶寶的表現會有一定範圍內的不同，與平均值的差異不代表寶寶的能力較好或較差。要注意每項里程碑都是獨立的，有的寶寶機型很早就會走但很慢才會講話，如果你對寶寶的發展特別擔心，請與寶寶維修員聯絡。

## 第3個月的發展里程碑

滿第三個月的時候，大部分的寶寶機型能夠：

- 辨認使用者的影像和聲音。
- 在看到或聽到使用者的時候以微笑回應。
- 對複雜的視覺模式變得感興趣。
- 對陌生人的臉變得感興趣。
- 發展出更好的頭部控制力。
- 每段睡覺時間變長。
- 發展出更進階的協調能力。
- 更常願意伸手或抓取物品。

警告信號：如果你的寶寶機型在前九十天後還出現以下的情形，建議你與寶寶維修員聯絡。

- 寶寶有鬥雞眼。
- 寶寶無法用眼睛「追蹤」物體。
- 寶寶對大的聲響或使用者的聲音沒有反應。
- 寶寶沒有使用（或是試著使用）他的手。
- 寶寶無法支撐自己的頭部。

## 第6個月的發展里程碑

滿第六個月的時候，大部分的寶寶機型能夠：

- 專注於小的物體。
- 直視聲音的來源。
- 跟著使用者重複或含糊地發出簡單的聲音。
- 吃東西的次數減少，並開始練習吃固體食物。
- 能夠獨自玩耍較長的時間而且不哭泣。
- 經常咬東西。
- 能夠更獨立地移動，並學著翻身和坐起來（需部分協助）。
- 開始用手探索世界。

警告信號：如果你的寶寶機型在前六個月後還出現以下的情形，建議你與寶寶維修員聯絡。

- 寶寶無法跟著使用者「牙牙學語」。
- 寶寶無法抓取物品並送進嘴巴裡。
- 寶寶看起來還是有明顯的驚嚇和頸部強直反射。

## 第9個月的發展里程碑

滿第九個月的時候，大部分的寶寶機型能夠：

- 尋找不在視線內的玩具。
- 當你說再見並離開的時候變得不開心。
- 試著牙牙學語模仿你說的話。
- 更獨立地移動，學爬和（或）扶著東西站立。
- 開始操控並了解東西如何使用。

警告信號：如果你的寶寶機型在前九個月後還出現以下的情形，建議你與寶寶維修員聯絡。

- 寶寶爬行的時候「拖行」身體的一側。
- 寶寶無法「牙牙學語」回應複雜的語調。

## 第12個月的發展里程碑

滿第十二個月的時候，大部分的寶寶機型能夠：

- 當你講出名稱的時候尋找那項物品。
- 當你在另外一個房間呼叫時，跑來找你。
- 除了「mama」、「dada」以外，能說出其他單字（有某程度的清晰度）。
- 當你說「不」的時候有所反應。
- 比以前更能獨立地移動，學走和攀爬。
- 用手指出想去的地方。

警告信號：如果你的寶寶機型在前十二個月後還出現以下的情形，建議你與寶寶維修員聯絡。

- 寶寶無法清楚地發出任何聲音。
- 寶寶無法模仿任何你的手勢動作。
- 寶寶在有協助的情況下仍無法站立。

# 決定寶寶的百分比值

監控寶寶的生理發展，可以用百分比值的計算來加以協助。這個數字代表的是，你寶寶機型生長的狀況與全國同年齡且同性別的其他寶寶機型生長平均值的相關性。在使用百分比值時，需比較三個變數：體重、身高（身長）和頭圍。

假設你的寶寶機型體重是前二十百分比，就代表他的體重比全國百分之二十的其他寶寶還重，比其他百分之八十的寶寶還輕。要注意的是，許多寶寶機型不同測量值的百分比表現不盡相同。

〔1〕幫寶寶量體重。其中一個方法是先替你自己量體重，然後抱著寶寶再量一次，將你自己的體重扣除就是寶寶的體重。寶寶維修員也會定期測量寶寶的體重。

〔2〕測量寶寶的身高（身長）。將一張紙置於平面上，再讓寶寶平躺在上面，在頭頂於紙上做記號，將寶寶的腿拉直然後在腳底處做記號於紙上；讓兩個記號跟紙張的邊緣等距，以確保測量是正確的。兩個記號之間的距離，就是寶寶的身高。

〔3〕測量寶寶的頭圍。用有彈性的量尺圍住寶寶頭部最寬的地方，大約在耳上，每次都要在同樣的位置測量頭圍。

〔4〕將測量值畫成圖表，利用此圖表來決定寶寶的百分比，以便了解你的寶寶機型與其他機型運作情形的比較。

# 身長和體重百分比

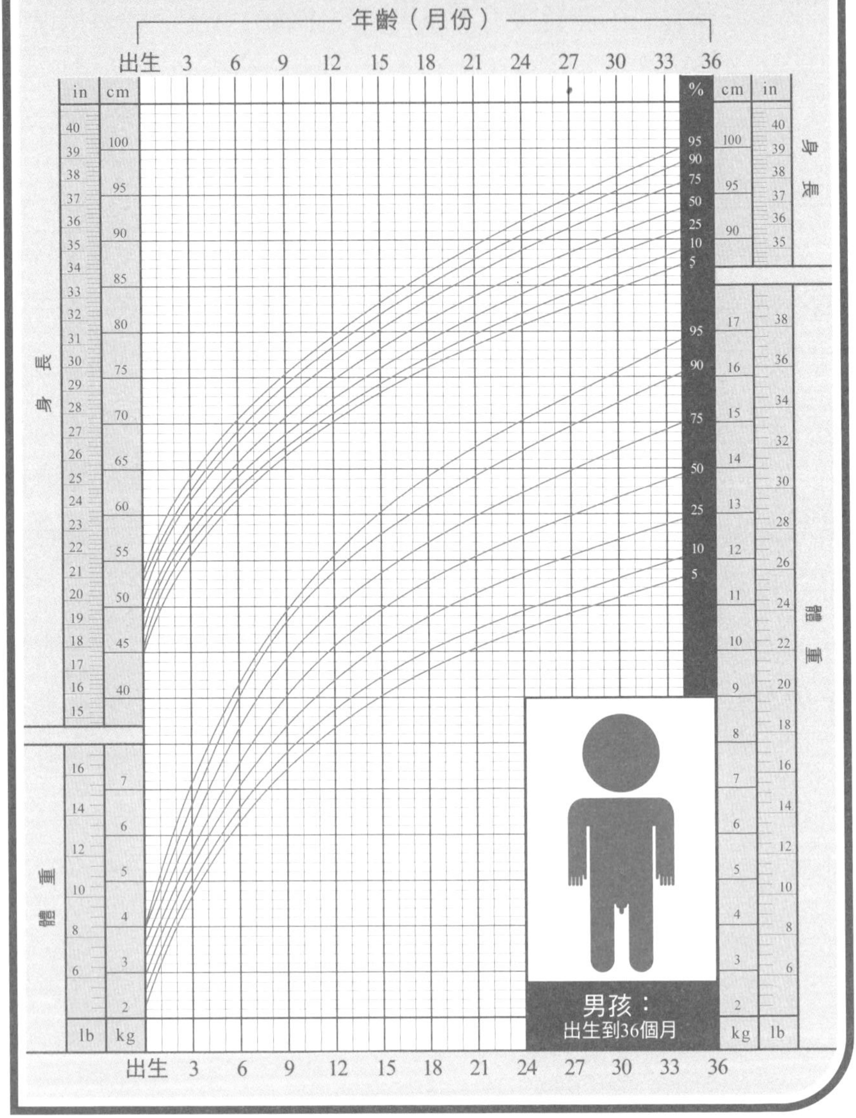

年齡（月份）

出生 3 6 9 12 15 18 21 24 27 30 33 36

身長 in: 15 16 17 18 19 20 21 22 23 24 25 26 27 28 29 30 31 32 33 34 35 36 37 38 39 40

身長 cm: 40 45 50 55 60 65 70 75 80 85 90 95 100

% 身長: 95 90 75 50 25 10 5

體重 %: 95 90 75 50 25 10 5

體重 kg: 2 3 4 5 6 7 8 9 10 11 12 13 14 15 16 17

體重 lb: 6 8 10 12 14 16 18 20 22 24 26 28 30 32 34 36 38

男孩：
出生到36個月

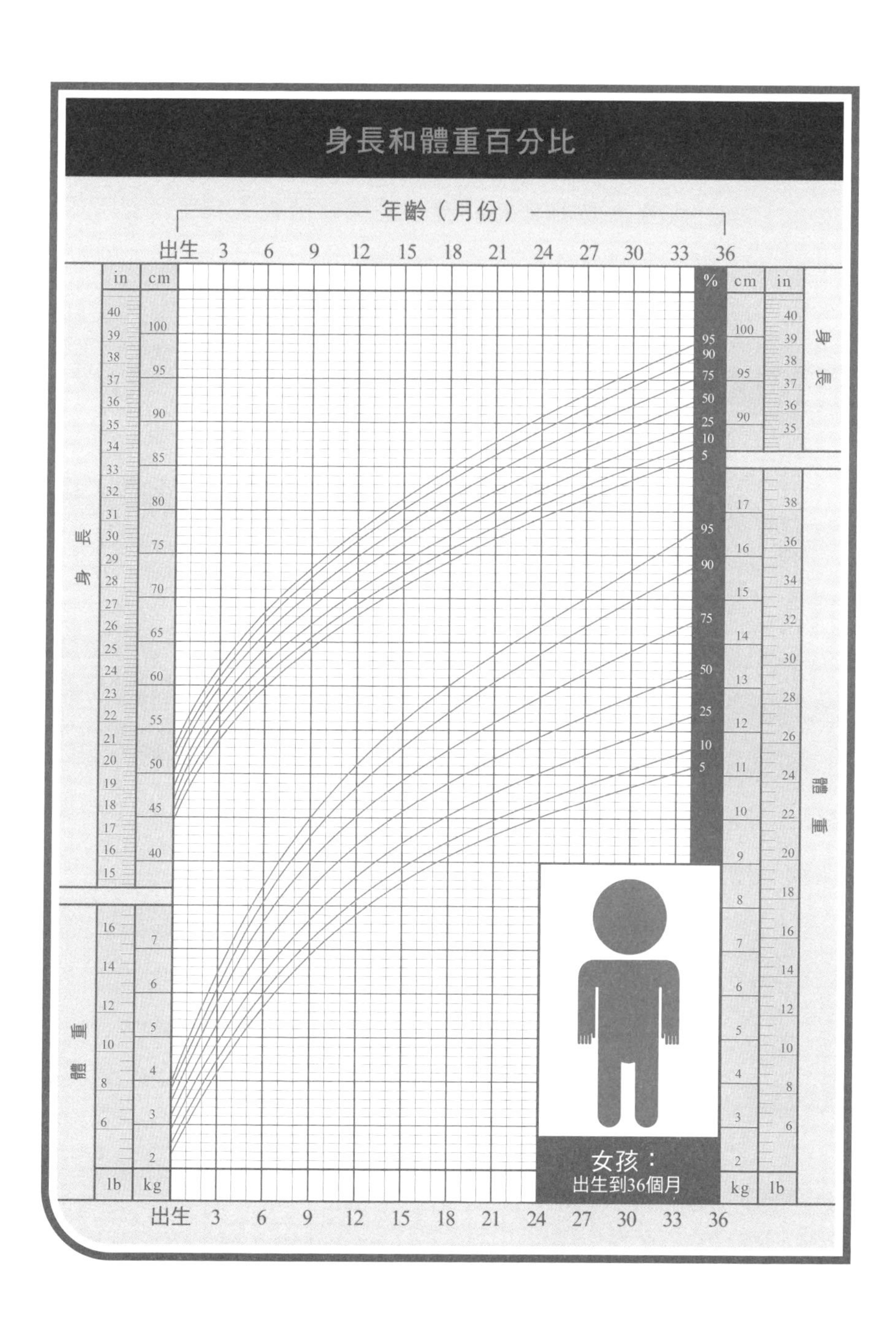
身長和體重百分比
年齡（月份）
出生 3 6 9 12 15 18 21 24 27 30 33 36
in
cm
%
身長
體重
lb
kg
女孩：
出生到36個月

【專家提示】對於寶寶的百分比值無須過分擔心，即使寶寶的身高百分比為十，以後也可能長得很高。寶寶成長模式最重要的決定因素，是父母的成長模式；嬰兒和幼兒時期矮小的人，可能孩子也會一樣較矮小。

# 語言溝通

到了六個月的時候，寶寶會發現自己原來有能力跟你說一樣的語言。對寶寶說話，能夠誘發他的這項體認；剛開始的時候，他會學著重複你發出的聲音，最後就會學著自己說話。

有些使用者喜歡用自然的措詞和字彙對寶寶說話，寶寶可能很難複誦某些聲音，但最後他能學會人、地點和物品的名稱。

其他使用者會選擇說「嬰兒語」，這種溝通方式使寶寶容易複誦你發出的聲音；然而，未來在學習人、地點和物品的正確名稱時，可能會有所混淆。

建議使用者將以上兩種技巧混用，講話的時候音調提高，能達到最佳效果，較高的聲調使寶寶聽覺感應器更容易接收。

## 寶寶語

寶寶內建有許多寶寶的表達語言，包括：

・Coo

・Goo

・Ahhh

當寶寶發出以上這些聲音時，跟著他複誦，這可以鼓勵寶寶發出特定的聲音，甚至是教他基本的對話。

## 自然的談話

到了六個月的時候，有些寶寶機型會開始發出類似成人話語的部分發音，像是「da」、「ba」、「ma」和「ladl-ladl」的聲音。利用以下的技巧，可以幫助他將這些聲音擴展成單字。

〔1〕重複他發出的聲音。

〔2〕鼓勵模仿。當他複誦你發出的聲音時，給予掌聲或喝采。

〔3〕當寶寶發出自然談話的聲音時，給予回應。回應時可以說「真的？是這樣嗎？」或是「我覺得你是對的。」微笑並展現熱誠，會鼓勵寶寶繼續對話。

【專家提示】與寶寶互動的時候，許多使用者在做動作時會加上語言的描述，例如：「我現在要給你奶瓶。」寶寶會專心，而且可能更快學會該語言的使用。

# 寶寶的活動力

當寶寶的活動技巧增加，他會發展出爬行、扶立、行走甚至攀爬的能力。在他能夠駕馭這些技巧以前，提高警覺和確保寶寶不會傷害到自己，是很重要的。

## 爬行

大概九個月的時候，寶寶通常會開始爬行。你會發現他倒退爬、身體傾向一側、被自己的手絆倒或轉身的時候跌倒，這些都是正常的運作且不需視為功能異常；有些寶寶機型完全不爬行，這也不是功能異常——他們會在地上翻滾或滑行直到能走為止。而所有的機型都會發展出某種行走前的活動能力，當寶寶要練習爬行，可依循以下方式。

〔1〕在距寶寶一隻手臂的距離，直到他熟練爬行為止。

〔2〕陪在寶寶較「無力」的那一側。你會發現寶寶比較喜歡使用特定一側，如果這樣，寶寶容易在使用較無力的那側時跌倒。

〔3〕限制寶寶只能在軟的平面爬行，例如地毯、地墊或草地；如果寶寶跌倒或是絆倒了，傷害會比較小，或者不會受傷。

活動力
1 爬行
2 扶立
3 攀爬
4 行走
5 鞋子可能會影響直立的活動力
1
2
3
5
4

## 扶立

一旦寶寶爬行已經得心應手，他可能會開始扶著家具、書櫃或使用者，讓自己站起來。在他能夠熟練地扶立之前，採用以下的預防措施，避免意外和傷害的發生。

〔1〕設置一個柔軟的安全區。當寶寶開始扶立時，在他腳邊隨時備有枕頭或柔軟的毯子。
〔2〕用你的手讓寶寶站穩。當寶寶開始扶立時，他會以無法預期的方式跌倒，直到他的平衡感、協調性和手臂力量發展成熟為止。

## 攀爬

寶寶不需要完全會走才開始學習攀爬，在大約十二個月的時候，爬行和扶立最終會演變為攀爬樓梯、家具和其他家用品。

〔1〕保持近距離。當寶寶會攀爬物品時，大部分的寶寶機型還沒有能力爬下來。
〔2〕當寶寶攀爬在物體上時，加以支撐。寶寶還不知道自己身體有重心，當他爬到物體的一半時，若掉下來可能會臉朝下。直到寶寶了解這個狀況前，要幫寶寶支撐。

【專家提示】教寶寶如何下樓梯、椅子和如何後退，幫寶寶轉身並幫他往下移動。很快的，寶寶就會發展出自己這樣行動的能力，但你仍要看顧著寶寶。

## 行走

到了大約十二個月，寶寶踏出第一步的時候，他越來越能扶起自己（向前跌倒以後），或用屁股坐下（向後跌倒以後），但使用者仍然可以採取保護性步驟，幫助他避免受傷。

〔1〕讓他赤腳走路。不要急著為寶寶添購鞋子，赤腳走路可以幫助他有走路的感覺，而鞋子會讓他覺得怪怪的。當寶寶在戶外行走時，再穿柔軟、有彈性的鞋子。

〔2〕幫寶寶清出一條路。他會一直注意目標物所在的地方——你或是喜歡的玩具，而不是自己的腳下。

〔3〕注意尖銳或硬的家具邊緣，寶寶跌倒的時候可能會造成傷害。

## 處理跌倒

寶寶機型比使用者所想的還耐用，不可避免的跌倒並不會使寶寶受傷。看到跌倒時，遵循以下方式處理。

〔1〕不要驚慌。寶寶會感覺到恐懼和害怕，你顯得越平靜，寶寶對跌倒的反應會越好。

〔2〕慢慢地移動（如果跌倒不嚴重的話）。如果寶寶看到使用者急著向他跑來，他可能反而會嚇到。

〔3〕靠近寶寶的時候用話安慰他，你可以說：「沒事！你很快就可以再站起來。」

〔4〕如果寶寶還需要更多的安慰，就將他抱起。

〔5〕檢查寶寶是否有受傷，並給予必要的處理。

〔6〕轉移寶寶的注意力。如果他持續哭泣，給他一個新玩具，可以讓寶寶忘記跌倒的事。

## 處理分離焦慮

一旦寶寶認知到你是誰，以及他對你有多依賴，當你要離開的時候，他可能會感覺焦慮，這就是所謂的分離焦慮。

這種情緒通常在八到十個月的時候會出現。寶寶在使用者面前會表現得很外向，但在陌生人面前顯得內向。寶寶如果看不到你，可能會哭，即使只有五分鐘，也可能會在半夜的時候醒來找你。

基本上，第十五個月是分離焦慮的高峰。在此之前，利用以下的方式，幫助你和寶寶處理自己的情緒。

〔1〕當他焦慮時給予安撫。

〔2〕請陌生人講話小聲一點，靠近寶寶的時候要慢。
〔3〕給予一個安撫物。
〔4〕到了新的地方要慢慢適應。如果你的寶寶機型有分離焦慮，這不是把他送到日間托育中心的理想時間。如果你必須將寶寶送到這樣的機構，前幾天先陪著他，然後每隔五或十分鐘開始離開，每次要離開前都要簡單地道再見，以建立信任感。

## 發脾氣的處理

當寶寶開始了解他的世界，他在試著溝通想要的東西時可能會變得沮喪；這種沮喪的心情，通常會以發脾氣的方式表現出來。

發脾氣的狀況，通常會在寶寶第十到十二個月的時候出現。他可能會哭或是哀嚎、伸手拿走他想要的東西、踢腳、用力伸出拳頭或是揮舞雙臂。有些寶寶機型發脾氣的狀況會持續好幾年，利用以下的技巧，在寶寶快要發脾氣時加以控制。

〔1〕在第一年時，教寶寶「不」這個字。寶寶一歲以前可能不了解這個字的意思，常常使用這個詞，而且用重要的句子強調，像是：「不行！不能碰，那是燙的！」或是「不行，不能吃！那是一隻蟲！」當寶寶發脾氣時，說「不」才會變得很有效。
〔2〕可能的話，盡量解釋給寶寶聽。所有的寶寶機型都有內建能

力，可以開始了解你的口語說明，告訴他為什麼他不能玩刀子或是碰觸熱的爐子，這些解釋會幫助他調整自己的界線。

〔3〕當寶寶哭泣或哀嚎時，不要有過度反應，以免加強這樣的行為，否則寶寶會認為他這樣的行為能得到你這樣的反應，如果寶寶沒有安全上的問題，在他哭泣或哀嚎時不要有所反應。

〔4〕強調正向增強。當寶寶是用可接受的方式表現時，給予讚美，當他自己把玩具歸位時，給予掌聲和微笑。

〔5〕要有耐心。視之為一個「階段」，過了就好。

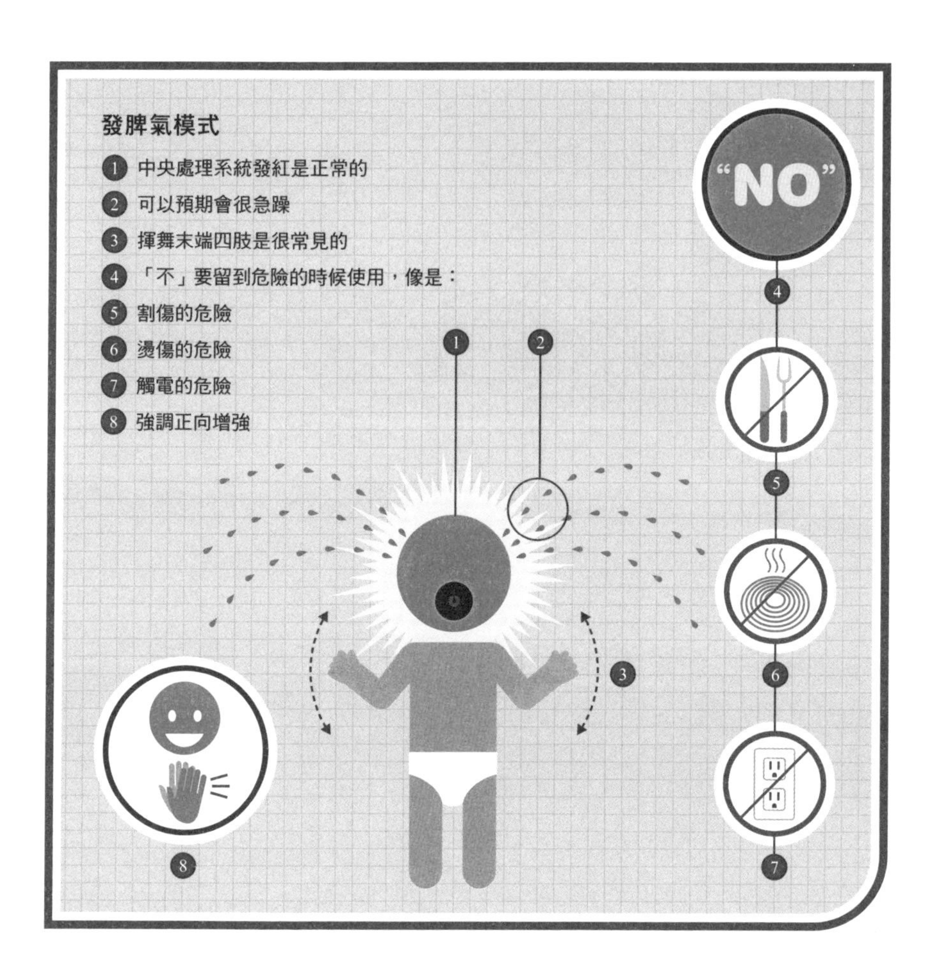
發脾氣模式
1 中央處理系統發紅是正常的
2 可以預期會很急躁
3 揮舞末端四肢是很常見的
4 「不」要留到危險的時候使用，像是：
5 割傷的危險
6 燙傷的危險
7 觸電的危險
8 強調正向增強
"NO"
1
2
3
4
5
6
7
8

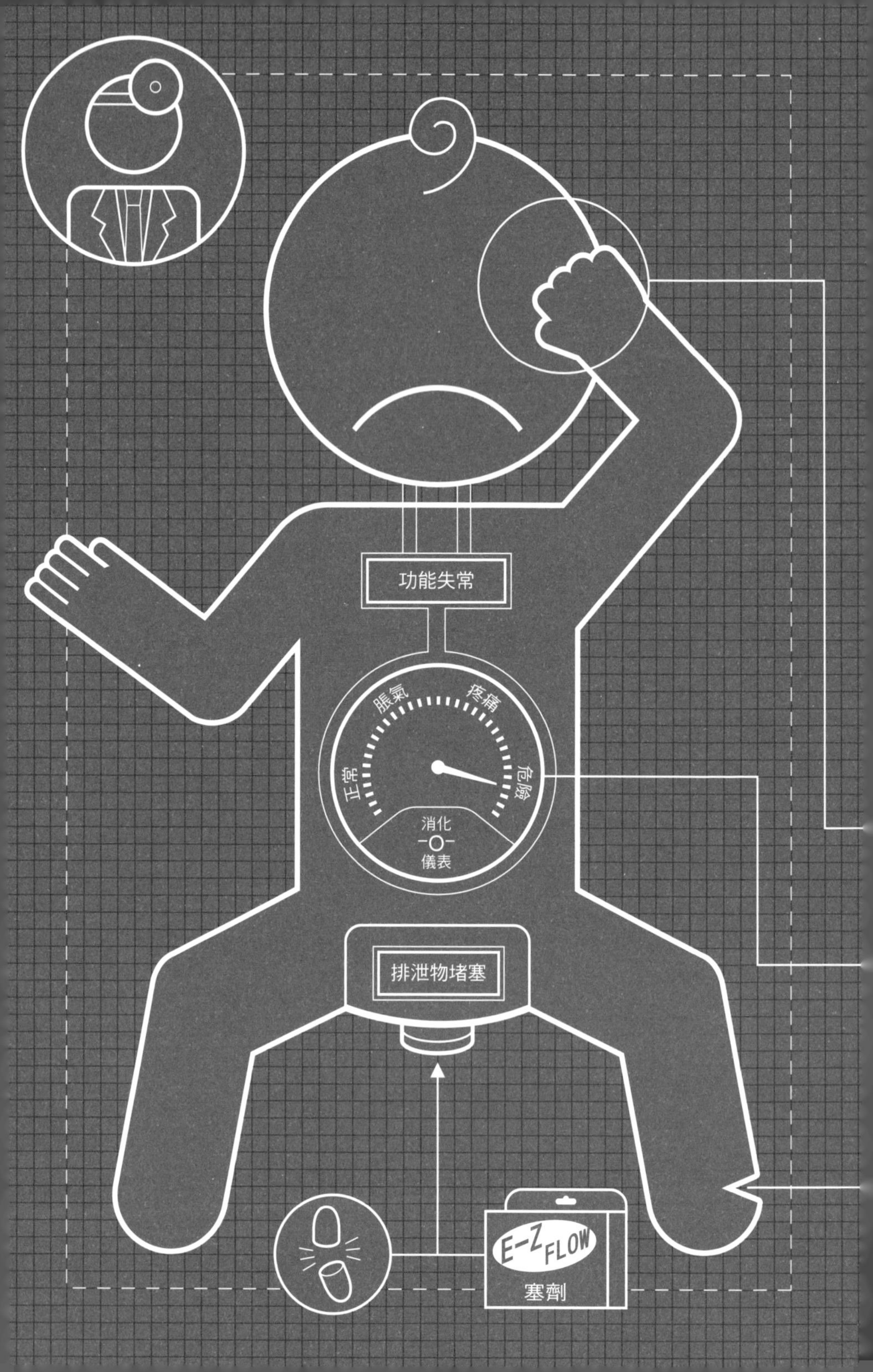

功能失常
脹氣
疼痛
正常
危險
消化
儀表
排泄物堵塞
E-Z FLOW
塞劑

# 第七章

# 安全與緊急維護

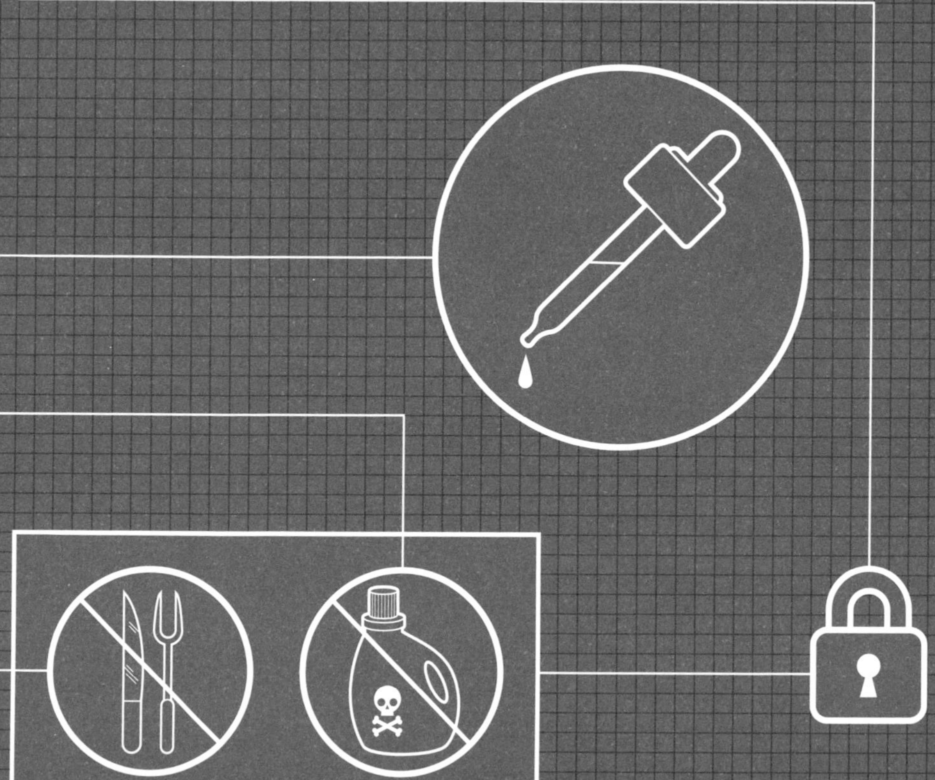

# 寶寶環境的安全防護

大約到了九個月，寶寶越來越有活動力，可能會開始探索周遭環境，要確認你的寶寶機型在家裡有防護設施保護其安全。有些使用者會雇用專業人員來做防護，但其實使用者可以自己輕易地完成這項工作。一旦使用者了解安全防護的基本概念，就能將家中或寶寶和使用者會進出的房間加以防護。

## 一般兒童防護措施

〔1〕找出可能會被寶寶吞下或造成窒息的物品，然後把它移走。

〔2〕將插座蓋起來並將電線收好。把不用的插座蓋上安全蓋，避免觸碰，用電線保護套將檯燈的電線收納在地板或牆上。

〔3〕於室內門放置門擋。這種東西可以在五金行找得到，可防止門直接開啟或關上，避免寶寶的手指被門夾到，也不會把自己獨自關在房間裡。

〔4〕在窗戶加鎖。如果你使用的是有把手開關的窗戶，請將把手移除更換，並收在寶寶拿不到的地方。

〔5〕將窗簾拉繩收好或掛在高一點的地方，這個東西有勒住窒息的危險。

〔6〕在樓梯和沒有門的房間加裝安全門，安全護欄僅能安裝於樓梯底端，樓梯頂端的門應該是固定式的。

〔7〕固定好可能會翻倒的書櫃和其他家具。如果寶寶要扶著這些物品站起來，若沒有固定好，可能會把家具翻倒壓在自己身上。

〔8〕經常清理地板和地毯。吸入灰塵和髒汙，可能會引起呼吸功能失常；髒汙若透過寶寶的手進入嘴巴，則會讓他生病。

〔9〕安裝防火設備。滅火器、煙霧偵測器和逃生梯，要能正常運作，且放在隨手可得的地方。

〔10〕將排熱孔和冷氣回流口關緊。在排熱孔加裝塑膠罩以避免燙傷，如果冷氣回流口的位置在地上，要確定它夠堅固能夠承受寶寶的重量，有必要的話予以更換。

【專家提示】如果你住的是老舊的大樓，或是油漆斑駁或有碎屑，檢查是否有含鉛。將有碎屑的油漆和含鉛的建材換掉。

〔11〕將屋子裡的槍枝移走或收好。將槍枝鎖在箱子裡，並將子彈收在另外一個房間。

## 廚房的防護措施

當你煮飯或是烘焙的時候，建議你讓寶寶遠離廚房。利用以下的方法，讓廚房變得安全。

〔1〕將所有的刀子、塑膠袋和尖銳的用具鎖在抽屜裡。

〔2〕將清潔用品、滅火器和其他可能的有毒用品鎖起來，置於高處。

〔3〕將所有電器放好。將冰箱鎖起來，並將爐子開關裝上塑膠安全套，洗碗機／垃圾絞碎機的鎖能正常使用，將未使用的電器插頭拔起。

〔4〕使用安全的烹飪方法。先用較後面的爐口，並將所有湯鍋的把手轉向爐子的後方。

〔5〕準備一個寶寶能安全使用的抽屜或切菜板，讓寶寶去探索，裡面可以放木製湯匙、小湯鍋和平底鍋、塑膠碗，及其他安全的東西。

## 浴室的防護措施

浴室裡充滿著堅硬和可能濕滑的表面，寶寶不該被允許單獨在這個區域玩耍。當寶寶跟使用者一起使用浴室時，請採取以下預防措施。

〔1〕安裝馬桶坐墊鎖。要有將馬桶坐墊和蓋子隨時關上的習慣，這樣的鎖，可以把坐墊和蓋子固定在馬桶上。

〔2〕將化妝品鎖起來。將所有藥品、乳液、牙膏和漱口水放在寶寶拿不到的櫥櫃中，將此櫥櫃鎖上，以確保安全。

〔3〕安裝接地故障斷路器插座。這種插座，會在遇水或電力超載的時候阻斷電路、切斷電源。

〔4〕浴室裡的電器，要保持不插插頭並收好。

〔5〕避免將可能造成危險的物品——例如刮鬍刀或化妝品空瓶，丟棄於垃圾桶內。

〔6〕在堅硬或鋪有磁磚的表面，鋪上地毯或地墊。

〔7〕確定浴缸是安全的。

## 臥室的防護措施

〔1〕如果寶寶大部分的時間會在使用者的床上，加裝安全圍欄以避免掉落。

〔2〕確保床底是安全的。將床底下可能絆倒寶寶的大箱子移走，並移除可能有窒息危險的小東西。

## 客廳的防護措施

〔1〕確保壁爐是安全的。加裝架子，避免寶寶靠近，將控制瓦斯壁爐開關的鑰匙或把手移除或收好；如果是燃燒木頭才能使用的壁爐，將火柴收到寶寶拿不到的地方。

〔2〕在尖銳的轉角或矮桌的邊緣加裝護墊，考慮將玻璃、石頭、金屬或方形的桌子換成圓形的木桌。

### 餐廳的防護措施

〔1〕將桌巾移除。如果你在晚餐或派對時使用桌巾，使用完畢後請立刻將它移除，萬一寶寶把桌巾扯掉，桌巾上面放置的物品可能會砸到寶寶。

〔2〕將所有含酒精的飲料放在高的、有鎖的櫥櫃裡。

### 旅行的防護措施

如果你在旅行，讓新到的地方保持安全是很重要的。在你將環境布置得安全以前，要更加小心地看顧寶寶。

## 準備一個寶寶急救箱

所有的使用者都應該準備一個急救箱，裡面裝有寶寶遇到緊急事件時專用的工具、敷料和其他備材。有的使用者會在家裡準備一個急救箱、車上放一個，旅行時隨身攜帶一個，急救箱應該要放在隨手可得但寶寶拿不到的地方。建議你每個月檢查一次，將過期的藥品或不適用的備材換掉，用小的塑膠盒裝小東西，並將大的物品放在附近。

## 急救箱內應該有的物品

- ok绷、膠帶和棉墊
- 消毒紗布繃帶和夾板
- 棉球
- 棉花棒
- 膠布繃帶
- 手術膠布
- 電子體溫計
- 剪刀
- 鑷子
- 餵藥器
- 手電筒與備用電池
- 備用毛毯
- 緊急聯絡電話單
- 皮脂類固醇藥膏（1%以下）
- 凡士林
- 肥皂
- 一罐乾淨的水
- 鼻塞藥
- 咳嗽舒緩劑
- 吐根（Ipecac）或解毒劑
- 痱子膏
- 燙傷噴劑或軟膏
- 抗生素軟膏
- 抗菌乳霜
- 無菌擦手紙
- 你寶寶機型專用的其他藥品
- Diphenhrdramine或其他抗組織胺劑
- 退燒止痛藥Ibrprofen或acetaminophen
- 心肺復甦術和哈姆立克急救法操作指示卡或手冊

# 哈姆立克急救法和心肺復甦術

如果寶寶的呼吸道遭到外物阻塞，可以使用哈姆立克急救法來移除；如果寶寶的呼吸停止，心肺復甦術（或稱CPR）能使其恢復。所有的主要和次要照顧者，都應該熟悉這兩個急救法的步驟，你所在當地的衛生單位會提供免費的訓練。

## 判斷呼吸的問題

〔1〕注意警告訊號。寶寶是否呼吸困難？寶寶膚色是否變藍？寶寶是否噎到、意識不清或對刺激沒有反應？

【專家提示】你可以聽或感覺寶寶是否在呼吸。將鏡子靠近寶寶的口鼻，寶寶如果在呼吸，鏡子會產生霧氣。

〔2〕指揮他人聯絡急救人員。如果不巧只有你單獨一人，先進行一分鐘的哈姆立克急救法或心肺復甦術，然後打電話聯絡救援，再回到寶寶身邊。

〔3〕評估問題。寶寶是否沒有呼吸？他是否正進食到一半？是否有異物阻塞他的喉嚨？如果是，進行哈姆立克急救法。

如果寶寶的呼吸受到部分阻礙，你是否可以聽到氣喘聲、作嘔聲或咳嗽聲？如果可以，讓寶寶坐直，這個姿勢能讓他藉由咳嗽和作嘔的自然反射，清除喉嚨的阻礙物。如果噎住的狀況持續二至三分鐘，請尋求急難救助；在這種情況下，不要實行哈姆立克急救法，因為可能會將異物阻塞到更深的地方。

如果寶寶失去意識，但看起來沒有異物阻塞呼吸道，進行CPR。

如果寶寶正在生病，或是寶寶有過敏狀況可能影響呼吸的能力，則不可進行哈姆立克急救法或心肺復甦術，立刻聯絡急救人員，並遵照他們的指示。

## 進行哈姆立克急救法

〔1〕坐下。將一腳向外伸直。

〔2〕讓寶寶雙腳岔開趴在你的前臂上，用手支撐寶寶的頭和頸部，用伸直的那隻腳支撐你的手臂和寶寶。這個角度，能夠讓寶寶的頭低於他的身體。

〔3〕用你的另外一隻手拍打寶寶的背部（圖A），在寶寶肩胛骨的中間進行五次溫和但確實地拍打。如果阻塞物掉出來，停止以上的動作；如果噎住的情形沒有改善，進行下一個步驟。

〔4〕將寶寶轉身，讓他面朝上，躺在你伸直的那側大腿上，頭放在靠近膝蓋的地方並朝向一側。這個角度，使寶寶的頭能夠低於身體，支撐他的頭和頸部。

〔5〕進行前胸按壓（圖B）。想像寶寶的雙乳間有一條水平線，

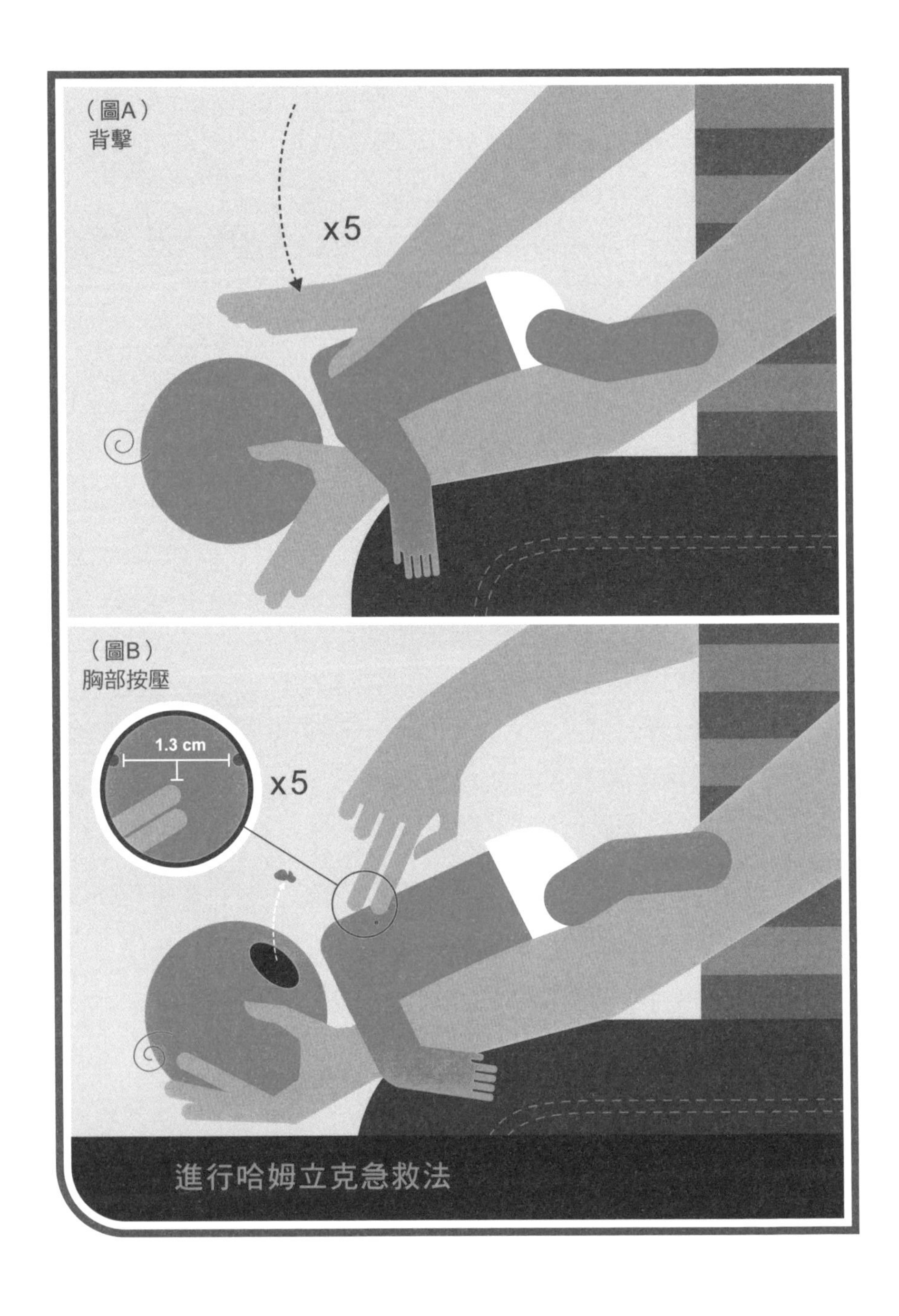
（圖A）
背擊
x5
（圖B）
胸部按壓
1.3 cm
x5
進行哈姆立克急救法

將兩隻指頭放在此線以下約1.3公分的胸骨處，輕而確實地向下壓五次。

〔6〕重複步驟2至5，直到呼吸道暢通。

〔7〕查呼吸。不要將手指伸進寶寶的嘴裡左右移動檢查——這樣可能會把異物又推回喉嚨。

〔8〕如果你無法使呼吸道暢通，持續進行步驟2到7，直到救護人員到達為止。

## 進行心肺復甦術（CPR）

〔1〕用下列方法檢查寶寶的脈搏（檢查時間不超過十秒鐘）：

- 將一隻手臂向外於身體的一側完全伸直，與身體呈90度。
- 將兩根指頭放在二頭肌的內側，也就是肩膀和手肘中間的位置，你應該可以感覺到脈搏（下頁圖A）。

〔2〕如果你可以感覺到脈搏但寶寶沒有呼吸，而且你已經進行過哈姆立克急救法，請跳到步驟5進行口對口人工呼吸。如果還是沒有找到脈搏，用按壓、呼吸道、呼吸（C-A-B）這樣的順序進行CPR，請於十秒內開始進行。

〔3〕想像在寶寶的雙乳間有一條線，將兩根指頭放在此線以下約半英吋的胸骨處。

〔4〕在十八秒內，將胸口往下按壓1.3-2.5公分三十次。

〔5〕進行口對口人工呼吸。

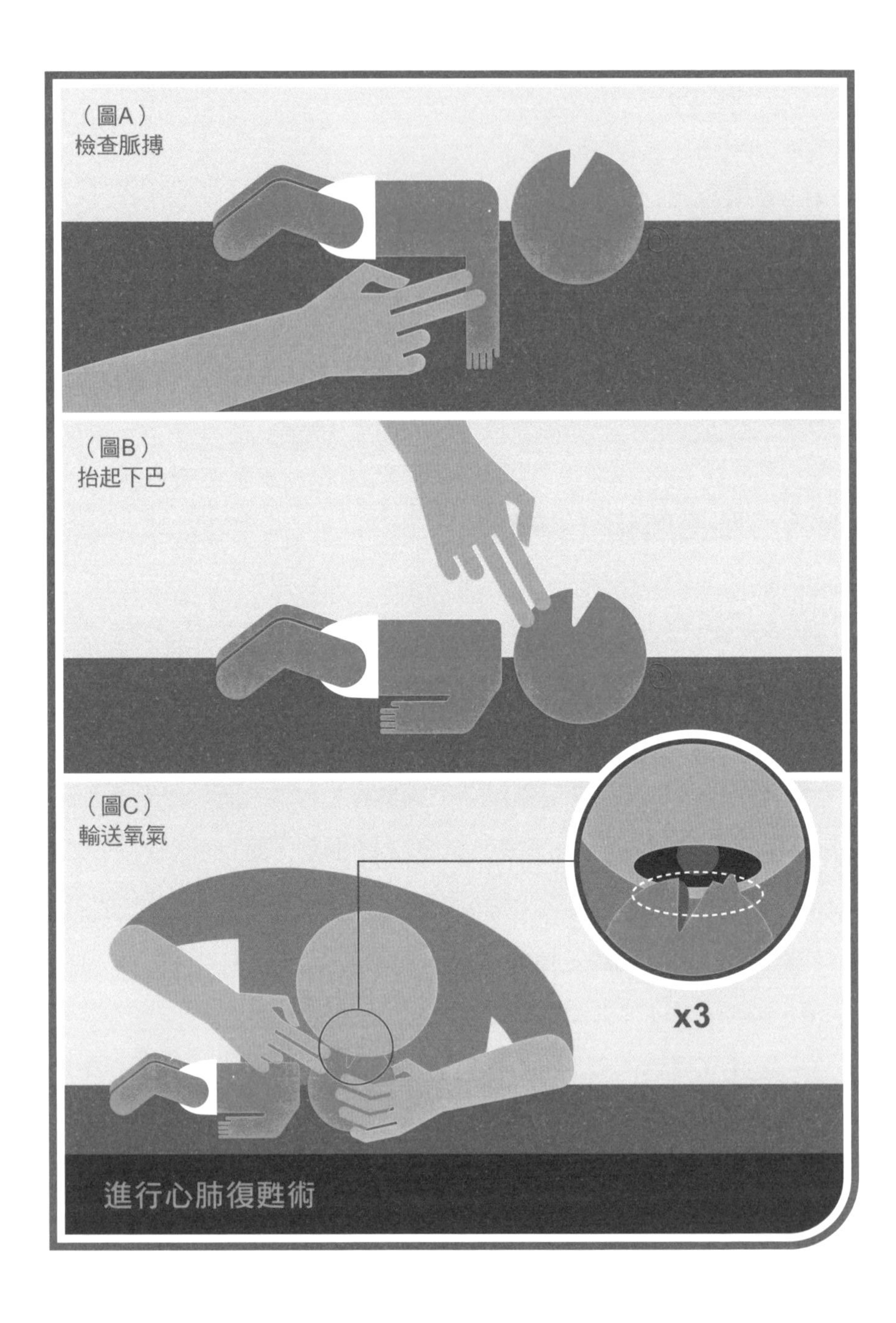
（圖A）
檢查脈搏
（圖B）
抬起下巴
（圖C）
輸送氧氣
x3
進行心肺復甦術

・將寶寶的下巴抬起，使他的頭稍微向後傾（圖B）。
・將你的嘴覆蓋住寶寶的鼻子和嘴巴。
・吹氣兩次，每次間隔三到五秒（圖C）。

【注意】每次只吹一口氣。請記得寶寶的肺很小，不要試著將你肺部所有的空氣吹到寶寶那邊，吹一口氣就足夠。

〔6〕注意寶寶的胸部。你吹氣的時候應該會有起伏，如果寶寶開始自行呼吸，可停止實行CPR。
〔7〕檢查寶寶的呼吸和脈搏。如果尚未恢復，重複步驟4、5和6，如果寶寶的呼吸和脈搏恢復了，請進行步驟8。
〔8〕一旦寶寶恢復生命跡象，請送到急診室。寶寶應該接受檢查，以確認身體是否有其他損傷。

# 測量寶寶的中心體溫

寶寶的中心體溫應約為37℃，這個數字一整天是浮動的，早上會比傍晚低。

測量寶寶中心體溫最簡單且最準確的方法，是將電子體溫計放入寶寶的直腸，也可以使用傳統的玻璃體溫計，但其易碎可能對寶寶造成傷害。

【注意】寶寶缺少耐心及活動力，口溫難以測量（圖B）。

〔1〕準備好體溫計。用溫水清洗並擦乾，在尖端擦少量的凡士林或其他潤滑劑。

〔2〕寶寶就準備姿勢。讓寶寶仰躺在一個平面上，並脫掉他的衣服和尿布，或者你可以讓寶寶趴在你的大腿上。

〔3〕放入體溫計。撥開寶寶的屁股，並將體溫計放入約2.5公分（圖A）。

〔4〕固定體溫計兩分鐘。讓屁股夾起來能夠減輕不適感，大部分的電子體溫計在測量完成後，會發出嗶嗶聲。

〔5〕取出體溫計。用布或尿布將寶寶的屁股蓋起來。

【注意】肛溫計會刺激寶寶的腸道，量體溫以前，在寶寶身體下面放一條毛巾。

〔6〕讀取寶寶的體溫。如果高於38℃，立刻與寶寶維修員聯繫。

【專家提示】你也可以測量腋下的溫度（圖B），請注意腋溫會比肛溫稍低。測量體溫變化時，以同一處測出的溫度做比較。

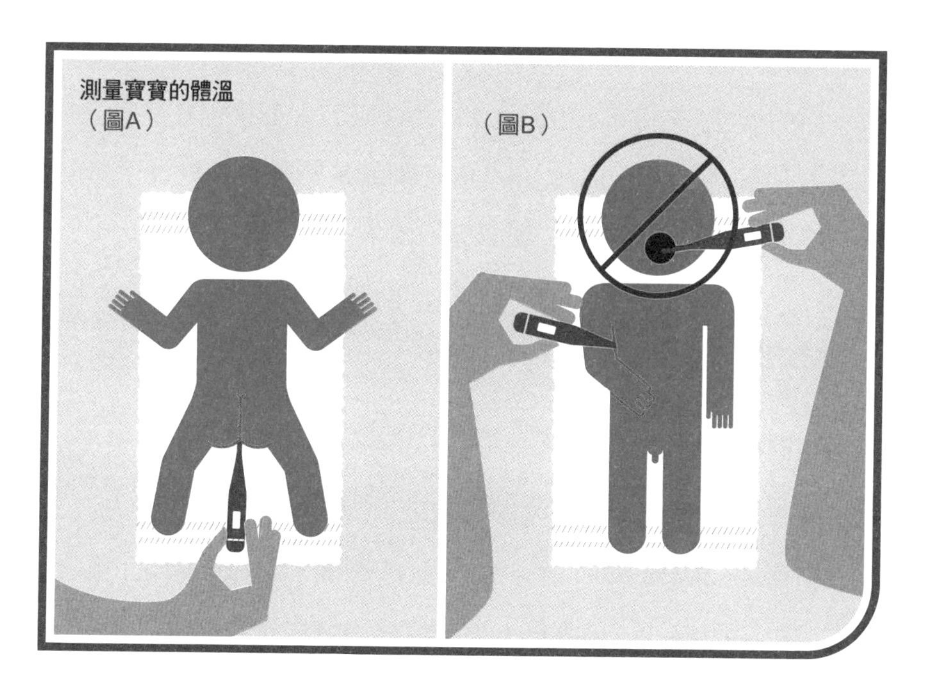


# 醫療維修

大部分的寶寶機型在頭一年平均會生病四次，建議使用者在寶寶出現第一次生病徵兆的時候，與寶寶維修員聯絡。維修員可以診斷、治療疾病，並在需要的時候推薦專家給你。

## 氣喘

氣喘是一種會影響寶寶支氣管、阻礙呼吸的狀況，如果沒有妥善處理，氣喘襲擊時可能會很嚴重。

症狀包括咳嗽（特別是晚上）、氣喘，以及急促或沉重的呼吸（你的機型此時胸肌需用力以輔助呼吸）。寶寶維修員應該加以診斷並給予治療的處方，限制寶寶對某些食物、藥品、汙染物、溫度變化或過敏源的接觸，可以降低發生的頻率。

## 嬰兒粉刺

嬰兒粉刺有礙觀瞻，但並不是大問題，通常在出現後的六周會消失，它會在寶寶的臉上出現像小痘痘的東西。

治療嬰兒粉刺，要每天清洗寶寶的臉部，溫和的肥皂和溫水用不用都無所謂，保持寶寶床單的清潔。寶寶維修員可以開給你溫和的局部用類固醇藥膏。

## 胎記和出生疹

胎記和疹子是寶寶皮膚色素的變異，這些斑點不會造成健康上的威脅，但在剛出生的前幾週應該要先加以辨別，日後才不會與瘀青或局部紅疹混淆。有些印記幾週就會消失，有的要好幾年，如果你對某些印記有疑問，請與寶寶維修員討論。最常見的幾種印記如下：

蒙古斑：藍綠色的印記，常與瘀青混淆，通常在寶寶的屁股上或

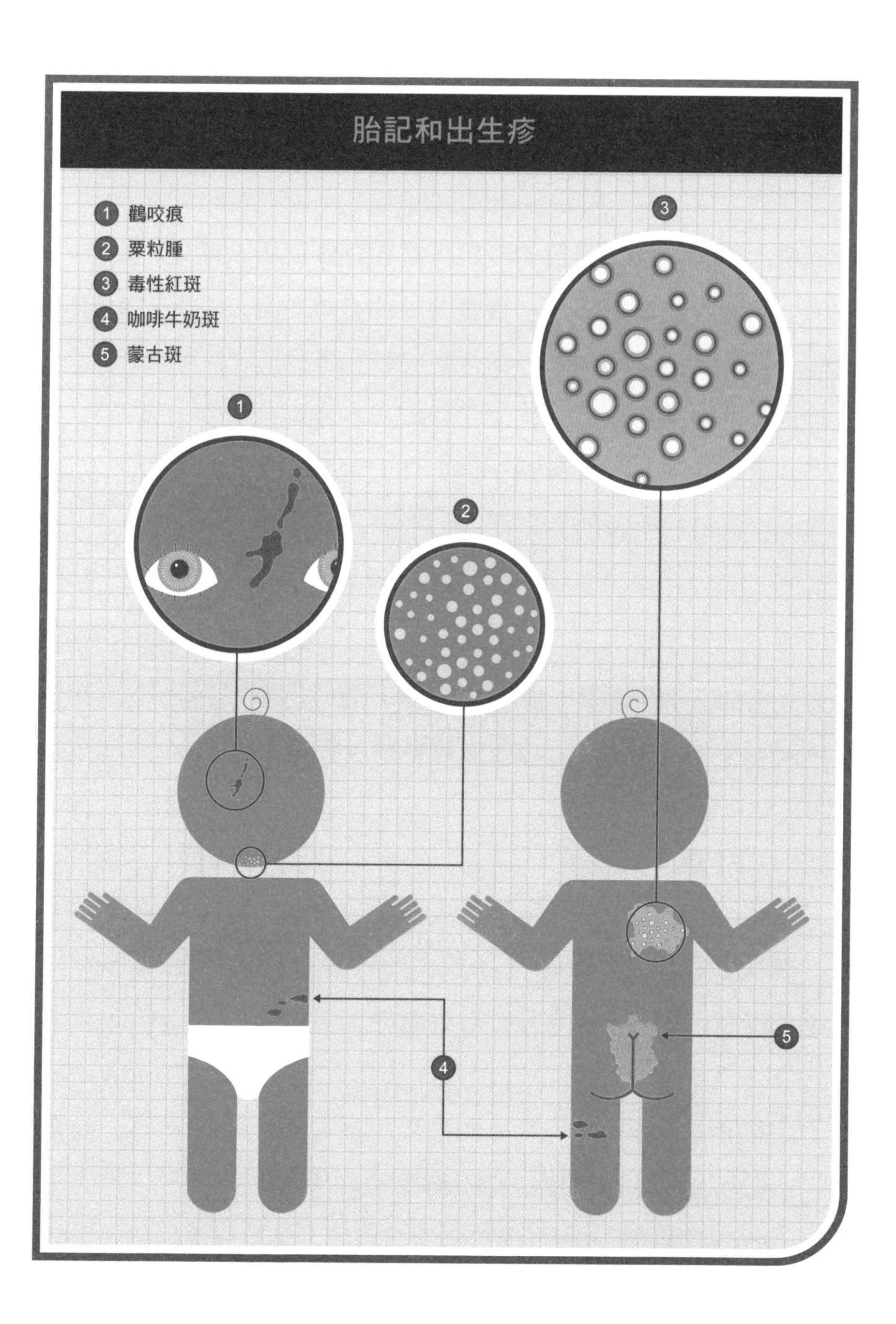
胎記和出生疹
1 鸛咬痕
2 粟粒腫
3 毒性紅斑
4 咖啡牛奶斑
5 蒙古斑
1
2
3
4
5

其周圍，或下背部可發現。蒙古斑常見於非洲、拉丁、美國原住民和亞洲裔的寶寶，但在任何嬰兒機型都可能出現。這種斑點通常在寶寶二或三歲的時候會消失。

鸛咬痕：粉紅或鮭魚粉色的斑點，常與紅疹混淆，常見於寶寶的頸部、額頭、鼻子或眉毛。寶寶哭泣或發燒的時候，斑點會變得更紅，通常在六個月的時候會消失。

毒性紅斑：黃白色的「水泡」，周圍有一圈紅色，常被誤認為感染。在寶寶剛出生的前幾週，這些印記會長滿寶寶的全身，但通常在出生後第三週會消失。

粟粒腫：黃白色區塊，通常出現在寶寶的鼻子上，由腺體的分泌物造成，通常出現三週內會消失。

咖啡牛奶斑：淡咖啡色斑點，會出現在寶寶的軀幹或四肢，如果有斑點的地方超過六處，請與寶寶維修員聯絡。

## 腫塊和瘀青

腫塊和瘀青，應該會在一週到十天內自行復原，除非伴隨有其他的症狀，否則一般在家很容易處理。

〔1〕先在撞擊處冷敷。將冷的洗澡巾或冷敷劑放在患處上或旁邊，冷敷可以減少碰撞或瘀青的範圍。

〔2〕避免碰觸患部，因為很脆弱而且疼痛。調整你懷抱和餵奶的

姿勢，以減少接觸。

〔3〕觀察患部恢復的狀況。腫塊消失的時候會越變越小，瘀青則會從紫色變成黃色，然後消失。

## 水痘

水痘是會形成疹子的細菌感染，在所有膿瘡結痂以前，水痘對任何沒有感染過的人具有高度傳染力（即使已接受過疫苗接種）。

剛開始的時候，疹子以紅點的方式出現，然後在二十四小時內很快形成水泡和結痂。所有疼痛的地方，通常會在三到五天內結痂，受傷的地方會非常癢而讓寶寶感到不舒服（許多使用者用含燕麥的產品來洗澡，以舒緩受傷的地方——可以在藥局購得）。如果你認為寶寶長了水痘，聯絡寶寶維修員，並將寶寶與其他孩童隔離。

## 包皮環切術

包皮環切術，是一種由維修員或割禮員將陰莖前端包皮割除的手術，這項手術通常在醫院裡（出生後一至兩天）或家中（出生後八天，或依宗教的規定）進行。一般來說，並沒有醫學上的理由需要為寶寶進行割包皮；然而，割過包皮的陰莖對年輕男孩來說較易清潔。而有些研究顯示，割包皮可減少得到感染、HIV和陰莖相關癌症的危險。

接受包皮環切術後，一定要小心照料以避免感染。

〔1〕避免碰水。在傷口完全癒合前，不要用水清潔割過包皮的陰莖，用柔軟的布輕輕擦拭即可。

〔2〕塗抹凡士林。在會接觸到陰莖的尿布區域內大量塗上，此舉可以保持傷口乾燥，並可避免陰莖龜頭黏在尿布上。每次換尿布的時候都要這麼做。

〔3〕觀察陰莖是否有流血或感染的現象。在割包皮的區域癒合以前不要碰它，注意是否有血或膿。如果你發現有感染，聯絡寶寶維修員。

## 淚管阻塞

淚管阻塞可能會導致感染，這個狀況不會傳染，會在寶寶九個月的時候自動通暢。

淚管阻塞的症狀，包括眼睛流淚或有分泌物（通常只有一眼）。如果你發現寶寶有淚管阻塞，用軟布和溫水擦拭分泌物，並聯絡寶寶維修員，可以開給你抗生素眼藥水。

## 腸絞痛

腸絞痛是造成寶寶不舒服的症狀總稱，造成腸絞痛的原因未知，但是寶寶第二或三個月後很少發生。

腸絞痛的症狀，包括頻繁的驚醒、無法安撫的哭泣，以及脹氣的不適。如果你發現寶寶可能有腸絞痛，與寶寶維修員聯絡，可以開給消除脹氣的滴劑，你也可以考慮採用以下的小技巧。

〔1〕安撫寶寶。與其他照顧者每十分鐘輪流一次，搖晃、擺動或是抱著寶寶走，任何動作都可以轉移他的注意力。可以考慮用揹帶將寶寶抱著，或是帶他兜兜風。

〔2〕輕壓寶寶的腹部。這可以幫助寶寶排出氣體，讓寶寶跨躺在你的手臂上，或者是你躺在椅子或沙發上，讓寶寶趴在你的肋骨上。

〔3〕如果你哺餵母乳，減少攝取易脹氣的食物，例如：高麗菜、豆子、牛奶和咖啡因。

【專家提示】每位使用者有自己獨特的方法處理腸絞痛，有的人說寶寶按摩和溫水浴有效，有的人提倡頻繁餵食。寶寶維修員能給你一些建議。

# 鼻塞

鼻塞通常發生在寶寶鼻道被黏液阻礙或堵塞，一般是感冒、過敏或長牙的典型症狀，並且應該對症治療。

〔1〕如果寶寶的鼻黏液較稀，進行步驟2。如果鼻黏液是乾的，用寶寶維修員開給你的生理食鹽水滴劑，來舒緩堵塞。

・兩側鼻孔各滴一滴。

・寶寶可能會開始哭泣，等待哭聲的停止。

〔2〕你需要一個吸鼻球（藥局可購得），來清除寶寶鼻孔內的黏液。

・擠壓吸鼻球。

・將球管放進鼻孔內。

・將吸鼻球鬆開。

・取出球管。

・將黏液擠到毛巾或衛生紙上。

・為另一側鼻孔重複以上步驟。

〔3〕用軟布或衛生紙擦拭寶寶的鼻子，在鼻孔周圍擦上乳液，避免摩擦發紅。

〔4〕將寶寶的汽車座椅搬進室內，把他綁在座椅上睡覺。睡覺的時候，頭部有支撐能幫助緩解鼻塞。

## 便秘

便秘是一種影響寶寶廢物處理系統正常排出的狀況，這個狀況持續的時間沒有一定，但若能妥善處理，狀況不會太嚴重。

便秘的症狀，包括不常解便，或解出的大便很多且硬，或是長時間（五天以上）沒有廢物的排出。如果你懷疑寶寶有便祕的問題，請與寶寶維修員聯絡，或者你可以試用以下的技巧。

〔1〕測量寶寶的體溫，肛溫計或許會刺激寶寶的腸道蠕動。

〔2〕給寶寶使用甘油塞劑。大部分的藥局可以購得，將半個塞劑放進寶寶的肛門，然後重新將尿布包起來，三十分鐘內應該會有結果。

〔3〕給予大量的液體。確認寶寶攝取足夠的水分，保持糞便的柔軟，寶寶體重每900g每天需要89ml的水。

〔4〕調整寶寶的飲食。減少或避免攝取可能造成便秘的食物，像是香蕉、梨子、米和穀類。

〔5〕改變配方奶。如果寶寶餵食配方奶，改用低鐵劑或豆奶配方，直到便秘解除為止。

## 脂漏性皮膚炎

脂漏性皮膚炎，是影響寶寶頭皮的皮膚問題。頭皮上會出現黃色結痂，有時候會蔓延到臉部，通常在寶寶三個月大的時候會消失。

如果你發現寶寶有脂漏性皮膚炎，與寶寶維修員聯絡。以下的保養程序，也有助於護理脂漏性皮膚炎的情形。

〔1〕在寶寶的頭皮上擦橄欖油。在洗髮前塗上，並要選擇冷壓油才沒有化學成分，在頭皮上用油按摩二十秒。

〔2〕幫寶寶洗頭。每天一次用溫和、去頭皮屑的寶寶洗髮精清洗頭皮，頭髮可能要洗兩次，才能將橄欖油完全清除；二次輕洗的時候，使用溫和的寶寶洗髮精。

〔3〕將掉落的結痂梳掉。用柔軟的寶寶髮梳清理。

## 哮吼

哮吼是會影響寶寶發聲的病毒性症狀，哮吼的症狀在第一晚最嚴重，接著幾天後就會消失。

哮吼的症狀，包括吠狀咳嗽、喉嚨沙啞、喘鳴聲（寶寶吸氣時發出喘氣聲）、發燒、呼吸急促、臉色蒼白和無精打采。如果你認為寶寶有哮吼，聯絡你的寶寶維修員。溫度的調整通常有助於哮吼症狀，抱寶寶進充滿蒸氣的浴室，或短暫地接觸夜晚的空氣。

## 割傷

割傷是由尖銳物體在皮膚上所造成的傷口。割傷通常在一週到十天內會癒合，如果癒合時間超過預期，表示可能有二次感染。

傷口感染的症狀，包括傷口附近任何一處流血、發紅、腫脹或流膿。如果你懷疑寶寶的傷口感染，或是割傷處血流不止，聯絡寶寶維修員。

〔1〕用溫和的肥皂水清洗受傷的區域。如果已經沒有流血，讓傷口自然風乾，然後進行步驟3。

〔2〕如果傷口還在流血，直接給予加壓。用消毒過、柔軟的紗布墊，輕壓傷口的時候同時將皮膚壓合。幾分鐘後，檢查流血是否停止。

〔3〕輕輕塗上抗生素軟膏，保護傷口。

〔4〕貼上OK繃。白天的時候要注意OK繃是否脫落，鬆脫的OK繃若不慎吞入，可能會有窒息的危險。

〔5〕OK繃每天更換。移除OK繃的時候，可以在流動的水中或是洗澡時泡一下，使黏膠鬆脫，這樣拿掉的時候比較不會痛。重複這些步驟，直到割傷癒合為止。

## 脫水

脫水是由寶寶液體攝取量與排出量不平衡所導致——顧名思義，寶寶排出的液體比攝取的量還多。脫水的情況會持續到寶寶的液體量恢復平衡為止。

輕微脫水的症狀，包括排尿量減少（每天少於三至四片濕尿布）、哭泣的時候沒有眼淚或很少、嚴重地缺乏活力和嘴唇乾裂。如果你懷疑寶寶有脫水的現象，增加寶寶的純液體攝取（水或較淡的配方奶）；如果寶寶喝的是母奶，增加餵奶次數和時間；若寶寶採瓶餵，給予寶寶電解質液（市面有售）。如果症狀持續，聯絡寶寶維修員。

## 腹瀉

腹瀉是寶寶廢物排出的質地和頻率改變的症狀，這個症狀是由細菌或病毒所產生，通常會持續五到七天。

腹瀉的症狀，包括廢物排出增加且呈水狀質地，而且會比平常來得臭。如果你懷疑寶寶有腹瀉的困擾，或是你發現排出的廢物中有血或膿，聯絡寶寶維修員。

〔1〕換尿布的時候，用圓形棉片和溫水，以避免尿布更換的次數太頻繁，造成局部狀況惡化。

〔2〕給予清淡飲食和增加液體攝取量。餵母奶的媽媽，應該增加餵奶時間以確保寶寶獲得充足水分；如果寶寶採瓶餵，配方奶的用量減半，給寶寶喝專用的電解質液。一旦寶寶腹瀉的頻率減少，可以慢慢地在飲食中恢復固體食物的攝取。

〔3〕注意是否有脫水的徵兆。

〔4〕在寶寶的飲食中加入一點優格。優格中的活菌，可以幫助排便恢復正常。

## 藥物過敏

藥物過敏，是對某種特定藥物的過敏反應。藥物過敏的症狀，包括蕁麻疹、流鼻水、呼吸困難和膚色改變。如果你認為寶寶對某種藥物有過敏反應，立即聯絡寶寶維修員更改寶寶的藥物處方，並以抗敏藥鹽酸本海拉明（diphemhydramine）來治療過敏。

## 耳朵發炎

耳朵發炎是中耳病毒或細菌感染的結果。輕微的耳朵發炎，會持續三到五天，或是在幾周內復發；如果耳朵發炎超過五天，請諮詢寶寶維修員。

耳朵發炎的症狀，包括哭泣不止、抓耳朵、換尿布的時候不舒服和發燒。如果你懷疑寶寶有耳朵發炎的困擾，聯絡寶寶維修員。

耳朵感染通常以抗生素治療，這是治療感染最快的方法，並可避免擴散和造成更嚴重的問題如腦膜炎。不同的抗生素，適用於不同的寶寶機型，而且不可能預先知道你的寶寶機型對藥物的反應。在找到適當的藥物以前，有許多不同種類的抗生素可供使用。

要維持胃部細菌的平衡，可以在寶寶服用抗生素的期間餵食優格，耳朵發炎的治療持續一整個月，是很常見的。

【專家提示】一滴橄欖油可以給寶寶帶來短暫的舒緩；用眼藥水罐在寶寶的耳內各滴一滴油，讓油有時間慢慢滑入耳道，此舉可以讓寶寶感覺舒服，直到維修員為你找到永久的治療法為止。

## 發燒

大部分的維修員相信，低溫發燒對寶寶是有益處的，因為可使病毒複製的速度減緩，使寶寶的病情不會變嚴重。所以，許多維修員不建議對38℃以下的發燒進行處理。

【注意】如果你的機型小於三個月且體溫高於38℃，聯絡寶寶維修員。

〔1〕觸摸寶寶的額頭，如果摸起來感覺溫溫的，進行體溫測量，參考前面寶寶體溫測量的方法。

〔2〕如果寶寶的體溫介於38.5-39.5℃，聯絡寶寶維修員。建議使用者每四小時給少量的退燒藥（鎮痛解熱劑ibuprofen），直到燒退為止，與寶寶維修員針對這個狀況討論。

〔3〕如果寶寶的體溫等於或大於40℃，是高溫發燒，應盡速聯絡寶寶維修員。替他洗溫水浴，能使熱度快速蒸發，比冷水能更快使寶寶降溫，每隔四小時給少量的退燒藥；如果寶寶的發燒狀況持續維持這麼高溫，可以合理懷疑有二次感染。

## 脹氣

脹氣是寶寶腸道內氣體產生的結果，這個狀況通常伴隨著餵奶而發生，而且會自然消失。脹氣的症狀，包括打嗝、腹部脹氣、哭泣和高舉膝蓋至腹部。

要減少脹氣，每次餵奶後都要幫寶寶打嗝；如果你親餵母乳，在飲食中避免食用易脹氣的食物，例如豆子和甘藍菜。用能夠消除脹氣的姿勢抱寶寶，寶寶維修員可以開給你防脹氣的滴劑。

## 打嗝

打嗝在新生兒來說非常常見，起因在於寶寶橫膈膜暫時性的失常。試用以下技巧，來終止寶寶打嗝。

【注意】如果寶寶有打嗝的狀況，不要試著用大人的方法終止打嗝，也不要試著讓寶寶憋氣，更不可以用大的聲響驚嚇寶寶。

- 對寶寶的臉吹氣。此舉可以讓他快速吸氣，得以改變橫膈膜的活動。
- 餵食寶寶。正常的吞嚥和呼吸，可以讓橫隔膜重新正常運作。
- 帶寶寶出門。突然接觸到冷空氣，或許可以改變呼吸的頻率。

## 蚊蟲叮咬

蚊蟲叮咬，只有在寶寶出現嚴重過敏反應時才有威脅性。嚴重的過敏反應，包括腹部疼痛、嘔吐、呼吸困難或蕁麻疹（出現在叮咬區域以外的地方）。如果發生這樣的反應，立刻聯絡寶寶維修員。輕微的反應，像是叮咬部位搔癢，可以冷敷處理，至少敷十五分鐘，或在寶寶能接受的情況下敷越久越好。

【注意】冷敷劑放到寶寶身上前，用你的皮膚測試一下溫度，不要將冷敷包直接放在皮膚上，先用乾毛巾包起來。

## 神經顫動

神經顫動，是神經非自主性的放電而引起輕微的肌肉晃動（通常在手臂和腳），會被誤認為發抖。這個現象在新生兒間很常見，顫抖通常會在寶寶三到六個月大的時候消失；如果寶寶的顫動看起來特別嚴重，你應該與寶寶維修員聯絡。

## 紅眼症

紅眼症可能起因於細菌感染或過敏，可能會影響寶寶一側或兩側的眼睛；如果紅眼是由感染造成，則可能會傳染，使用者須經常清洗雙手。如果治療得當，應該會在幾日內恢復。

紅眼症的症狀，包括眼球發紅、眼皮內側發紅、感染部位有綠或黃色的分泌物。寶寶可能會想揉眼睛，要加以阻止，將寶寶用包巾包起來，可以避免他碰觸眼睛。如果你懷疑寶寶為紅眼症所苦，將寶寶與其他孩童隔離，並聯絡寶寶維修員。

## 胃食道逆流

胃食道逆流起因於寶寶食道和胃之間的閥門關閉不全，而使胃酸溢到食道，這個狀況通常在寶寶出生前幾周會出現，且可能持續好幾個月。

症狀包括液體消化後溢出、易怒、經常哭泣、無法舒緩的腹部疼痛、拱背和餵食頻繁但時間較短。如果你懷疑寶寶有胃食道逆流的問題，聯絡寶寶維修員，他應該會建議你用稠一點的食物餵食寶寶，如米精，餵食後或睡覺時讓寶寶維持直立的姿勢，和（或）使用一些制酸性藥物。

## 長牙

寶寶生來就有牙齒，會在寶寶第一年的後半段自動從牙齦長出，這個過程叫做長牙，會讓寶寶感到疼痛。

長牙的症狀，包括流口水、啃咬硬的物體、夜醒和不安，以及偶爾的鼻塞、流鼻水、拉肚子或低溫發燒。應付長牙，使用者能做的不多，可以增加寶寶小睡的次數，或給予冰涼、可以咬的東西，如冷凍芹菜，或用毛巾來舒緩寶寶的不適感。寶寶維修員可能會建議，給予少量的鎮痛解熱劑或局部麻醉劑。

## 臍帶根部

寶寶出生的時候，你可以注意到會有一或兩吋的臍帶從肚臍連接出來，如果根部這部分能時常保持乾燥與清潔，大約會在兩周內結痂並脫落。有的時候，臍帶根部會受到感染——這是醫療緊急狀況，臍帶根部與寶寶的血管直接連結，感染的話可能會蔓延得很快。

臍帶根部感染的症狀，包括肚臍周圍發紅或腫脹、膿狀分泌物和發燒。如果你懷疑寶寶有臍帶根部感染的困擾，聯絡寶寶維修員，替寶寶安排住院或開給抗生素。

## 疫苗反應

寶寶可能對維修員施打的常規疫苗注射，有過敏或其他反應，雖然很不常見，但大部分的反應是在注射Dtap疫苗（白喉、百日咳、破傷風）後發生。反應會在寶寶接受疫苗注射後馬上發生，並且很容易治療。

DtaP（或其他）疫苗反應的症狀，包括發燒、易怒、注射部位腫脹或發紅，以及過敏性休克（一種嚴重的反應，包括蕁麻疹和感到痛苦或呼吸困難）。如果你認為寶寶有疫苗反應的困擾——特別是呼吸有問題，馬上打電話給急救人員。其他較輕微的症狀，可與寶寶維修員聯絡。

可利用以下的幾個步驟，紓解輕微的過敏反應症狀。

〔1〕與寶寶維修員討論，他可能會建議你用退燒藥治療發燒和不適的症狀。

〔2〕冷敷或溫敷注射部位。有些寶寶機型比較喜歡溫敷來舒緩疼痛，有些則喜歡冷敷，兩種都試看看，來決定那一種比較適合你

的寶寶機型。在敷上去以前，測試一下敷劑的溫度，以免傷害到寶寶的肌膚。

【專家提示】寶寶維修員會在需要施打疫苗的時候安排看診，通常在2、4、6、12個月的時候發生。可以在看醫生半小時前，給寶寶適當劑量的退燒藥，以減緩接下來二十四小時內會發生的不適。

## 嘔吐

嘔吐是寶寶將胃部的內容物從嘴巴吐出的過程，可能與食物不耐、胃腸不適、胃食道逆流、頭部損傷、腦膜炎或其他問題有關，因此嘔吐的持續時間因其相關的症狀而異。如果寶寶在嘔吐，聯絡寶寶維修員，並依循202頁的指導，來治療脫水的寶寶。

# 保護寶寶免於嬰兒猝死症

嬰兒猝死症（Sudden Infant Death Syndrome, SIDS）是健康嬰兒無預警的死亡，有時也稱為嬰兒床死亡（crib death）。雖然造成嬰兒猝死症的原因未知，相關研究機構，例如研究嬰兒死亡的美國SIDS協會與基金會，已經建立了減少SIDS風險的指南。想了解最新的指南，可諮詢寶寶維修員；維修員建議用以下的方法，減少SIDS的風險。

- 讓寶寶仰睡。
- 選擇較硬的床墊。
- 睡覺的區域不要有填充玩偶、枕頭和厚毯子，用薄毯蓋住寶寶的腹部，使其手臂保持在毯子上方。
- 不要讓寶寶穿太多衣物。寶寶的房間應該維持舒服的溫度（介於20-22℃）。
- 以母奶親餵寶寶。
- 不要讓寶寶暴露於二手菸中。
- 要求訪客抱寶寶以前洗手。
- 避免寶寶接觸有呼吸道感染的訪客。
- 白天清醒的時候讓寶寶趴著。

【注意】寶寶第一和第四個月是SIDS風險最高的時候，如果寶寶是早產兒、出生前接觸過非處方藥物或有手足死於SIDS，則其得到SIDS的風險也較高。

# 判別嚴重的疾病

所有的寶寶擁有者，都應能判別腦膜炎、肺炎、癲癇和RSV的症狀。如果你的寶寶開始出現這些症狀，依循下述的指引，並立刻聯絡寶寶維修員。

【專家提示】相信你的直覺。如果你感覺寶寶有很嚴重的問題，不要遲疑，馬上打電話給寶寶維修員。

## 腦膜炎

腦膜炎可能是病毒或細菌感染腦膜所引起——腦和脊椎的覆蓋物，這項疾病可能會造成長期的健康影響，並妨礙神經發展，幸好大部分都可以治療，有些也能完全治癒。

腦膜炎的症狀，包括發燒、易怒、嗜睡、嘔吐、癲癇和囟門凸起（因為腦內壓力增加）；如果你懷疑寶寶有腦膜炎，聯絡寶寶維修員或立刻到醫院。

## 肺炎

肺炎是肺部的病毒或細菌感染，肺炎會影響肺泡——肺部的空氣袋。一般的感冒會變成肺炎，大部分都可以完全治癒。

肺炎的症狀，包括咳嗽、發燒、急促的呼吸（一分鐘超過三十到四十次）、肋骨間有皮膚收縮（看起來凹陷）。如果你懷疑寶寶有肺炎，聯絡寶寶維修員或立刻到醫院。

## 痙攣

當大腦內不正常的電波活動影響到身體神經肌肉活動，則會發生痙攣。發生痙攣的原因很多，包括腦膜炎、新陳代謝不平衡、頭部損傷、先天性異常或發燒。然而大部分的痙攣是自發性的——也就是說沒有特殊的原因。

如果寶寶發生痙攣，他的手臂和腳會無法控制地晃動一段時間——三十秒到十分鐘。在痙攣發生時或發生後，寶寶會嘔吐、無法控制大小便，而且嗜睡。

痙攣時的應對，抱住寶寶的兩側，可以在他嘔吐時避免窒息，不要放任何東西到寶寶嘴裡——保持呼吸道暢通。一旦痙攣過了以後，聯絡寶寶維修員。

【注意】如果痙攣持續超過兩分鐘——或是看起來讓寶寶無法呼吸，馬上打電話給急救人員。

## RSV

RSV（Respiratory Syncytial Virus，呼吸道融合病毒），是肺部的病毒感染，通常影響呼吸道而非肺囊。大部分感染RSV的寶寶都在一歲以下；這個感染對寶寶和大人都有傳染力，但病毒在寶寶身上會比較嚴重。

RSV的症狀，包括咳嗽、呼吸急促（每分鐘呼吸超過三十到四十下）、發燒和發出氣喘聲。如果你覺得寶寶有RSV，立刻聯絡寶寶維修員。

# 附　錄

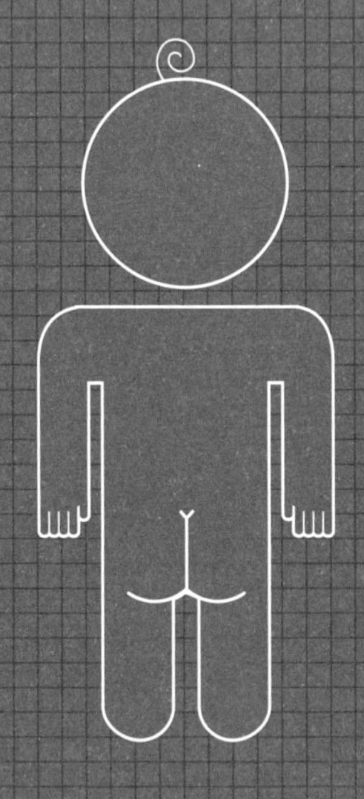

# 保證書

原廠對您的寶寶不提供任何保證。您的寶寶與汽車不同，當您將他帶離醫院後會增值，

您對寶寶的每一分照顧都是投資。您在此同意：

1.在需要的時候餵食並填滿寶寶的動力供給。

2.在需要時更換寶寶的廢棄物。

3.經常清洗、整理和照料寶寶的大小事。

4.需要時讓您的寶寶休息。

5.在規定的時間與合法的維修員碰面，進行定期維修。

6.盡可能見證並協助您的寶寶成長與發展時程。

7.對您的寶寶給予愛、支持和其他情感的體現。

8.享受您的寶寶。

______________________________

製造者／使用者

# 持有人記錄

## 持有人資訊

| | 姓 | 名 |
|---|---|---|
| ○先生 ○女士 ○小姐 | | |
| ○先生 ○女士 ○小姐 | | |

地址

## 寶寶機型抵達日期

□□□□ / □□ / □□
年 月 日

## 寶寶機型姓名

| 姓 | 名 |
|---|---|
| | |

## 寶寶機型數據

| 體重 | 身長 | 頭圍 | 新生兒評分 |
|---|---|---|---|
| | | | |

## 出生醫院

## 醫師姓名

生殖器設備

○ 男

○ 女

頭髮 ○ 有 ○ 無 如果有，顏色為 ○ 黑 ○ 金 ○ 棕 ○ 紅

瞳孔顏色 ○ 藍 ○ 棕 ○ 灰 ○ 綠 ○ 琥珀

其他顯著特徵

是你主動購買本品項，或是天上掉下來的禮物？

你收到並檢視寶寶機型時的感想與回饋：

你家中有幾個類似產品？

| 姓名 | 年齡 | 姓名 | 年齡 |
|---|---|---|---|
| 姓名 | 年齡 | 姓名 | 年齡 |

# 快速參考指南

近期幾乎所有寶寶機型原廠都配有以下特徵和功能，如果缺少一項

## 頭部

頭：初期會顯得異常的大，甚至因機型和出產方式的不同而呈尖錐狀。尖錐狀的頭，會在四到八周後變得更圓。

頭圍：所有機型的平均頭圍是35公分，介於32-37公分是正常的。

頭髮：並非所有機型出生時都此配備，且顏色各異。

囟門（前與後）：亦稱為「柔軟點」，囟門是寶寶頭蓋骨上尚未閉合的兩處隙縫。絕對不要用力對囟門施壓，在第一年快結束前（或是更早）就會完全閉合。

眼睛：大多數的白種機型生來具有藍色或灰色的眼睛，而非洲和亞洲機型，有棕色眼睛。要注意，在前幾個月虹膜的顏色會變換許多次，直到九到十二個月時才會固定眼睛的顏色。

頸部：在剛出生時，此部位看起來似乎很「無用」，但這並不是缺陷。頸部在二到四周後會變得更有用處。

以上，請立刻聯絡寶寶維修員。

## 身體

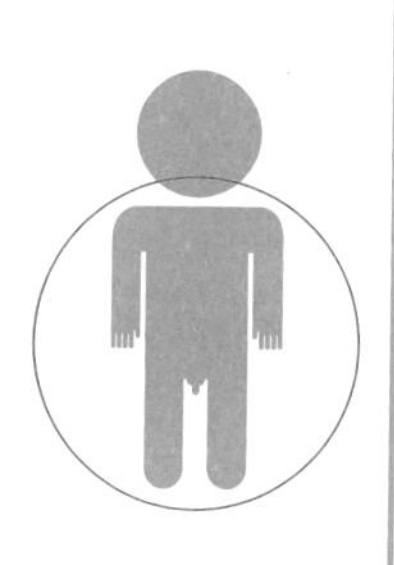

皮膚：寶寶的皮膚對於新（尚未清洗）衣物上的化學物質特別敏感，對一般洗衣劑中的化學物質亦會有不良反應。應考慮將家中衣物的清洗更換為無香精、無化學物質的清潔劑。

臍帶根部：剩下的殘段會結痂，幾週後會脫落。所以必須保持清潔與乾燥，才能避免感染，然後變成健康的肚臍。

直腸：寶寶固體廢物的排出口。將溫度計擺放此處，可以測量寶寶的中心溫度，大約為37℃。

生殖器：寶寶的生殖器看起來稍大是正常的，並不表示與未來寶寶生殖器的尺寸或形狀相同。

細毛：許多機型在肩膀或背部內建有一層毛絨絨、細軟的新生毛，這層毛髮會在幾週後消失。

體重：各機型出生時的平均體重為3.4公斤，大多數體重介於2.5-4.5公斤之間。

身長：各機型出生時的平均身長為51公分，大多數身長介於45-56公分之間。

## 寶寶膀胱功能

| 星期 | 月份 | 日期 | # 膀胱運作次數 |
| --- | --- | --- | --- |
| 日 | | | |
| 一 | | | |
| 二 | | | |
| 三 | | | |
| 四 | | | |
| 五 | | | |
| 六 | | | |
| 日 | | | |
| 一 | | | |
| 二 | | | |
| 三 | | | |
| 四 | | | |
| 五 | | | |
| 六 | | | |
| 日 | | | |
| 一 | | | |
| 二 | | | |
| 三 | | | |
| 四 | | | |
| 五 | | | |
| 六 | | | |

| 星期 | 月份 | 日期 | # 膀胱運作次數 |
| --- | --- | --- | --- |
| 日 | | | |
| 一 | | | |
| 二 | | | |
| 三 | | | |
| 四 | | | |
| 五 | | | |
| 六 | | | |
| 日 | | | |
| 一 | | | |
| 二 | | | |
| 三 | | | |
| 四 | | | |
| 五 | | | |
| 六 | | | |
| 日 | | | |
| 一 | | | |
| 二 | | | |
| 三 | | | |
| 四 | | | |
| 五 | | | |
| 六 | | | |

## 寶寶腸功能

| 日期 | 時間 | 顏色 | 質地 | 排出狀況 |
| --- | --- | --- | --- | --- |
| | | | | ○容易 ○困難 |
| | | | | ○容易 ○困難 |
| | | | | ○容易 ○困難 |
| | | | | ○容易 ○困難 |
| | | | | ○容易 ○困難 |
| | | | | ○容易 ○困難 |
| | | | | ○容易 ○困難 |
| | | | | ○容易 ○困難 |
| | | | | ○容易 ○困難 |
| | | | | ○容易 ○困難 |
| | | | | ○容易 ○困難 |
| | | | | ○容易 ○困難 |
| | | | | ○容易 ○困難 |
| | | | | ○容易 ○困難 |
| | | | | ○容易 ○困難 |
| | | | | ○容易 ○困難 |
| | | | | ○容易 ○困難 |
| | | | | ○容易 ○困難 |
| | | | | ○容易 ○困難 |
| | | | | ○容易 ○困難 |
| | | | | ○容易 ○困難 |

| 日期 | 時間 | 顏色 | 質地 | 排出狀況 |
|---|---|---|---|---|
| | | | | ○容易 ○困難 |
| | | | | ○容易 ○困難 |
| | | | | ○容易 ○困難 |
| | | | | ○容易 ○困難 |
| | | | | ○容易 ○困難 |
| | | | | ○容易 ○困難 |
| | | | | ○容易 ○困難 |
| | | | | ○容易 ○困難 |
| | | | | ○容易 ○困難 |
| | | | | ○容易 ○困難 |
| | | | | ○容易 ○困難 |
| | | | | ○容易 ○困難 |
| | | | | ○容易 ○困難 |
| | | | | ○容易 ○困難 |
| | | | | ○容易 ○困難 |
| | | | | ○容易 ○困難 |
| | | | | ○容易 ○困難 |
| | | | | ○容易 ○困難 |
| | | | | ○容易 ○困難 |
| | | | | ○容易 ○困難 |
| | | | | ○容易 ○困難 |

## 餵食記錄

| 日期 | 開始時間 | 何側開始餵奶 | 餵奶時間 |
|---|---|---|---|
| | | ○左 ○右 | 左： 右： |
| | | ○左 ○右 | 左： 右： |
| | | ○左 ○右 | 左： 右： |
| | | ○左 ○右 | 左： 右： |
| | | ○左 ○右 | 左： 右： |
| | | ○左 ○右 | 左： 右： |
| | | ○左 ○右 | 左： 右： |
| | | ○左 ○右 | 左： 右： |
| | | ○左 ○右 | 左： 右： |
| | | ○左 ○右 | 左： 右： |
| | | ○左 ○右 | 左： 右： |
| | | ○左 ○右 | 左： 右： |
| | | ○左 ○右 | 左： 右： |
| | | ○左 ○右 | 左： 右： |
| | | ○左 ○右 | 左： 右： |
| | | ○左 ○右 | 左： 右： |
| | | ○左 ○右 | 左： 右： |
| | | ○左 ○右 | 左： 右： |
| | | ○左 ○右 | 左： 右： |
| | | ○左 ○右 | 左： 右： |
| | | ○左 ○右 | 左： 右： |

| 日期 | 開始時間 | 何側開始餵奶 | 餵奶時間 |
|---|---|---|---|
| | | ○左　○右 | 左：　右： |
| | | ○左　○右 | 左：　右： |
| | | ○左　○右 | 左：　右： |
| | | ○左　○右 | 左：　右： |
| | | ○左　○右 | 左：　右： |
| | | ○左　○右 | 左：　右： |
| | | ○左　○右 | 左：　右： |
| | | ○左　○右 | 左：　右： |
| | | ○左　○右 | 左：　右： |
| | | ○左　○右 | 左：　右： |
| | | ○左　○右 | 左：　右： |
| | | ○左　○右 | 左：　右： |
| | | ○左　○右 | 左：　右： |
| | | ○左　○右 | 左：　右： |
| | | ○左　○右 | 左：　右： |
| | | ○左　○右 | 左：　右： |
| | | ○左　○右 | 左：　右： |
| | | ○左　○右 | 左：　右： |
| | | ○左　○右 | 左：　右： |
| | | ○左　○右 | 左：　右： |
| | | ○左　○右 | 左：　右： |

## 寶寶睡眠圖表

| | 星期日 | 星期一 | 星期二 | 星期三 | 星期四 | 星期五 | 星期六 | 星期日 | 星期一 | 星期二 | 星期三 | 星期四 | 星期五 | 星期六 |
|---|---|---|---|---|---|---|---|---|---|---|---|---|---|---|
| 11:30 P.M. | | | | | | | | | | | | | | |
| 11:00 P.M. | | | | | | | | | | | | | | |
| 10:30 P.M. | | | | | | | | | | | | | | |
| 10:00 P.M. | | | | | | | | | | | | | | |
| 09:30 P.M. | | | | | | | | | | | | | | |
| 09:00 P.M. | | | | | | | | | | | | | | |
| 08:30 P.M. | | | | | | | | | | | | | | |
| 08:00 P.M. | | | | | | | | | | | | | | |
| 07:30 P.M. | | | | | | | | | | | | | | |
| 07:00 P.M. | | | | | | | | | | | | | | |
| 06:30 P.M. | | | | | | | | | | | | | | |
| 06:00 P.M. | | | | | | | | | | | | | | |
| 05:30 P.M. | | | | | | | | | | | | | | |
| 05:00 P.M. | | | | | | | | | | | | | | |
| 04:30 P.M. | | | | | | | | | | | | | | |
| 04:00 P.M. | | | | | | | | | | | | | | |
| 03:30 P.M. | | | | | | | | | | | | | | |
| 03:00 P.M. | | | | | | | | | | | | | | |
| 02:30 P.M. | | | | | | | | | | | | | | |
| 02:00 P.M. | | | | | | | | | | | | | | |
| 01:30 P.M. | | | | | | | | | | | | | | |
| 01:00 P.M. | | | | | | | | | | | | | | |
| 12:30 P.M. | | | | | | | | | | | | | | |
| 12:00 P.M. | | | | | | | | | | | | | | |
| 11:30 A.M. | | | | | | | | | | | | | | |
| 11:00 A.M. | | | | | | | | | | | | | | |
| 10:30 A.M. | | | | | | | | | | | | | | |
| 10:00 A.M. | | | | | | | | | | | | | | |
| 09:30 A.M. | | | | | | | | | | | | | | |
| 09:00 A.M. | | | | | | | | | | | | | | |
| 08:30 A.M. | | | | | | | | | | | | | | |
| 08:00 A.M. | | | | | | | | | | | | | | |
| 07:30 A.M. | | | | | | | | | | | | | | |
| 07:00 A.M. | | | | | | | | | | | | | | |
| 06:30 A.M. | | | | | | | | | | | | | | |
| 06:00 A.M. | | | | | | | | | | | | | | |
| 05:30 A.M. | | | | | | | | | | | | | | |
| 05:00 A.M. | | | | | | | | | | | | | | |
| 04:30 A.M. | | | | | | | | | | | | | | |
| 04:00 A.M. | | | | | | | | | | | | | | |
| 03:30 A.M. | | | | | | | | | | | | | | |
| 03:00 A.M. | | | | | | | | | | | | | | |
| 02:30 A.M. | | | | | | | | | | | | | | |
| 02:00 A.M. | | | | | | | | | | | | | | |
| 01:30 A.M. | | | | | | | | | | | | | | |
| 01:00 A.M. | | | | | | | | | | | | | | |
| 12:30 A.M. | | | | | | | | | | | | | | |
| 12:00 A.M. | | | | | | | | | | | | | | |

| zzz | 星期日 | 星期一 | 星期二 | 星期三 | 星期四 | 星期五 | 星期六 | 星期日 | 星期一 | 星期二 | 星期三 | 星期四 | 星期五 | 星期六 |
|---|---|---|---|---|---|---|---|---|---|---|---|---|---|---|
| 11:30 P.M. | | | | | | | | | | | | | | |
| 11:00 P.M. | | | | | | | | | | | | | | |
| 10:30 P.M. | | | | | | | | | | | | | | |
| 10:00 P.M. | | | | | | | | | | | | | | |
| 09:30 P.M. | | | | | | | | | | | | | | |
| 09:00 P.M. | | | | | | | | | | | | | | |
| 08:30 P.M. | | | | | | | | | | | | | | |
| 08:00 P.M. | | | | | | | | | | | | | | |
| 07:30 P.M. | | | | | | | | | | | | | | |
| 07:00 P.M. | | | | | | | | | | | | | | |
| 06:30 P.M. | | | | | | | | | | | | | | |
| 06:00 P.M. | | | | | | | | | | | | | | |
| 05:30 P.M. | | | | | | | | | | | | | | |
| 05:00 P.M. | | | | | | | | | | | | | | |
| 04:30 P.M. | | | | | | | | | | | | | | |
| 04:00 P.M. | | | | | | | | | | | | | | |
| 03:30 P.M. | | | | | | | | | | | | | | |
| 03:00 P.M. | | | | | | | | | | | | | | |
| 02:30 P.M. | | | | | | | | | | | | | | |
| 02:00 P.M. | | | | | | | | | | | | | | |
| 01:30 P.M. | | | | | | | | | | | | | | |
| 01:00 P.M. | | | | | | | | | | | | | | |
| 12:30 P.M. | | | | | | | | | | | | | | |
| 12:00 P.M. | | | | | | | | | | | | | | |
| 11:30 A.M. | | | | | | | | | | | | | | |
| 11:00 A.M. | | | | | | | | | | | | | | |
| 10:30 A.M. | | | | | | | | | | | | | | |
| 10:00 A.M. | | | | | | | | | | | | | | |
| 09:30 A.M. | | | | | | | | | | | | | | |
| 09:00 A.M. | | | | | | | | | | | | | | |
| 08:30 A.M. | | | | | | | | | | | | | | |
| 08:00 A.M. | | | | | | | | | | | | | | |
| 07:30 A.M. | | | | | | | | | | | | | | |
| 07:00 A.M. | | | | | | | | | | | | | | |
| 06:30 A.M. | | | | | | | | | | | | | | |
| 06:00 A.M. | | | | | | | | | | | | | | |
| 05:30 A.M. | | | | | | | | | | | | | | |
| 05:00 A.M. | | | | | | | | | | | | | | |
| 04:30 A.M. | | | | | | | | | | | | | | |
| 04:00 A.M. | | | | | | | | | | | | | | |
| 03:30 A.M. | | | | | | | | | | | | | | |
| 03:00 A.M. | | | | | | | | | | | | | | |
| 02:30 A.M. | | | | | | | | | | | | | | |
| 02:00 A.M. | | | | | | | | | | | | | | |
| 01:30 A.M. | | | | | | | | | | | | | | |
| 01:00 A.M. | | | | | | | | | | | | | | |
| 12:30 A.M. | | | | | | | | | | | | | | |
| 12:00 A.M. | | | | | | | | | | | | | | |

# 定期保養

為了確保你的機型能夠維持最佳效能，建議你要做維修檢查。下列的定期維修清單有建議維修項目與更新，能幫助你的寶寶維持正常或是基本的功能運作；然而依你寶寶的健康狀況或你的生活型態，可能會有差異，請參考寶寶維修員的建議。

針對預防針和其他寶寶免疫系統的更新，可能會與下列時程表上的接種間隔有異。有些防疫更新需要在不同期間接種，諮詢你的寶寶維修員，制定最適合你寶寶的計畫表。

下列圖表依序為新生兒、3-5天、2個月、4個月、6個月、9個月和12個月的定期維修。

良好的兒童定期維修，應該在15、18、24、48和60個月的時候由寶寶維修員執行。預防接種時間表，應依照過去的接種史以及你的寶寶維修員的建議，持續進行。

【專家提示】許多有名的研究顯示，麻疹腮腺炎德國麻疹混合疫苗（MMR）與自閉症沒有關聯，原本1998年在英格蘭認為兩著關連存在的研究，已經被證實不足採信。

## 檢查時點：新生兒

運轉時數：0-1

年__________

製造商__________

機　型__________

■病史——不適用

■測量尺寸

　■身長__________

　■身高__________

　■體重__________

　■頭圍__________

　■血壓________／________

■知覺篩檢

　■視力／光學感應（通過／不通過）

　■聽力／聲音感應（通過／不通過）

■發展篩檢（通過／不通過）

■生理檢查

■液體檢驗

　■血液檢查

■疾病預防

　■B型肝炎（HepB）——第一劑

■備註______________________________

定期維修執行者______________________________

## 檢查時點：3-5天

運轉時數：72-120

年__________

製造商__________

機　型__________

■病史

■測量尺寸

- ■身長__________
- ■身高__________
- ■體重__________
- ■頭圍__________
- ■血壓（選填）________／________

■知覺篩檢

- ■視力／光學感應（通過／不通過）
- ■聽力／聲音感應（通過／不通過）

■發展篩檢（通過／不通過）

■生理檢查

■液體檢驗

■疾病預防——不適用

■備註______________________________

定期維修執行者______________________________

## 檢查時點：2個月

運轉時數：1,440

年__________

製造商__________

機型__________

- 病史
- 測量尺寸
  - 身長__________
  - 身高__________
  - 體重__________
  - 頭圍 __________
  - 血壓（選填）________／________
- 知覺篩檢
  - 視力／光學感應（通過／不通過）
  - 聽力／聲音感應（通過／不通過）
- 發展篩檢（通過／不通過）
- 生理檢查
- 液體檢驗
- 疾病預防
  - B型肝炎（HepB）——第二劑
  - 輪狀病毒（RV）——第一劑
  - 白喉、破傷風、百日咳（DTaP）——第一劑
  - B型嗜血桿菌（Hib）——第一劑
  - 肺炎鏈球菌（PCV）——第一劑
  - 不活化小兒麻痺（IPV）——第一劑
- 備註______________________________

定期維修執行者______________________________

## 檢查時點：4個月

運轉時數：2,880

年__________

製造商__________

機型__________

■病史

■測量尺寸

- ■身長__________
- ■身高__________
- ■體重__________
- ■頭圍__________
- ■血壓（選填）________／________

■知覺篩檢

- ■視力／光學感應（通過／不通過）
- ■聽力／聲音感應（通過／不通過）

■發展篩檢（通過／不通過）

■生理檢查

■液體檢驗

■疾病預防

- ■輪狀病毒（RV）——第二劑
- ■白喉、破傷風、百日咳（DTaP）——第二劑
- ■B型嗜血桿菌（Hib）——第二劑
- ■肺炎鏈球菌（PCV）——第二劑
- ■不活化小兒麻痺（IPV）——第二劑

■備註______________________________

定期維修執行者______________________________

## 檢查時點：6個月

運轉時數：4,320

年__________

製造商__________

機型__________

- 病史
- 測量尺寸
  - 身長__________
  - 身高__________
  - 體重__________
  - 頭圍__________
  - 血壓（選填）________／________
- 知覺篩檢
  - 視力／光學感應（通過／不通過）
  - 聽力／聲音感應（通過／不通過）
- 發展篩檢（通過／不通過）
- 生理檢查
- 液體檢驗
  - 血液檢查
  - 鉛篩檢
- 疾病預防
  - B型肝炎（HepB）——第三劑
- 輪狀病毒（RV）——第三劑
  - 白喉、破傷風、百日咳（DTaP）——第三劑
  - B型嗜血桿菌（Hib）——第三劑
  - 肺炎鏈球菌（PCV）——第三劑
  - 流感——有按季、按年施打等多種接種選擇（與維修員進行諮詢）
- 備註____________________________

定期維修執行者____________________________

## 檢查時點：9個月

運轉時數：6,480

年__________

製造商__________

機型__________

■病史

■測量尺寸

- ■身長__________
- ■身高__________
- ■體重__________
- ■頭圍__________
- ■血壓（選填）________／________

■知覺篩檢

- ■視力／光學感應（通過／不通過）
- ■聽力／聲音感應（通過／不通過）

■發展篩檢（通過／不通過）

■生理檢查

■液體檢驗

■疾病預防——若過往定期維修皆按時進行，則無需施打之疫苗

■口腔檢查

■備註____________________________

定期維修執行者____________________________

## 檢查時點：12個月

運轉時數：8,640
年__________
製造商__________
機型__________

- 病史
- 測量尺寸
  - 身長__________
  - 身高__________
  - 體重__________
  - 頭圍__________
  - 血壓（選填）________ ／________
- 知覺篩檢
  - 視力／光學感應（通過／不通過）
  - 聽力／聲音感應（通過／不通過）
- 發展篩檢（通過／不通過）
- 生理檢查
- 液體檢驗
  - 鉛篩檢
  - 結核病測試
- 疾病預防
  - B型肝炎（HepB）——第四劑
- B型嗜血桿菌（Hib）——第四劑
- 肺炎鏈球菌（PCV）——第四劑
  - 流感——有按季、按年施打等多種接種選擇（與維修員進行諮詢）
  - 麻疹、腮腺炎、德國麻疹（MMR）——第一劑
  - 水痘（VARICELLA）——第一劑
  - A型肝炎（HepA）——第一劑
- 口腔檢查
- 備註____________________________

定期維修執行者____________________________

# 常見問題

## 寶寶機器可能過熱嗎？

是的。當寶寶機器過熱時，這種情況我們稱之為發燒。發燒本身不是太大的問題，它可能是感染的徵兆，而幾乎所有感染（大部分為病毒性）都會使體溫升高。發燒同時有助於減緩感染的擴散：病毒在溫度高的環境中複製得比較慢，有些維修員認為發燒低於39.5℃不需加以治療。

發燒的重要性，取決於溫度的高低、發燒維持多久，以及其他相關伴隨的症狀。發燒到39.7℃通常需要洗溫水浴，並給予退燒藥acetaminophen或ibuprofen。如果你的寶寶發燒超過三天，你應該與你的維修員聯絡。

如果你的寶寶出現嗜睡或嘔吐、頸部僵硬、明顯痛苦、呼吸窘迫（呼吸急促或用輔助肌在呼吸）或出現紅疹，你應該聯絡維修員。

## 我的寶寶應該什麼時候開始吃副食品？

從營養和發展的角度來看，寶寶六到九個月之前不需要吃副食品。當你的寶寶開始對固體食物有興趣時，是寶寶已經準備好接受副食品的好預兆。

## 我會用掉多少尿布？
## 何時可以開始訓練寶寶上廁所？

平均來說，一個新生寶寶在出生的第一年，需要用掉2200到2900片尿布。至於什麼時候開始訓練你的寶寶上廁所，取決於文化和生活型態。有些使用者在寶寶出生的第一周，當他有明顯想上廁所的徵兆時，把寶寶抱到馬桶上；許多使用者在寶寶十八個月以後才開始如廁訓練，這個時候寶寶對排便功能已經有較好的控制，而且能夠溝通並接受獎勵。然而也有其他使用者在寶寶三歲以後才開始訓練，此時溝通技巧能夠加速訓練的進行。

## 我已經定期更新寶寶的病毒防護，
## 為何他還是會生病？

寶寶在出生的頭一年，開始免疫系統的發展。即使你的維修員為你進行定期保養和更新，百分之七十影響寶寶和幼童的疾病都是病毒性的，通常可以透過人體自身的免疫系統治療並痊癒。當你的寶寶接觸到新的病毒疾病，這也是他培養免疫力的機會。

一般來說，寶寶在出生的第一年會經歷許多疾病。如果生病的次數很頻繁，則可能是過敏的跡象；也有很大的可能是你的寶寶反覆地受到細菌感染，例如肺炎、金黃色葡萄球菌感染及腦膜炎，如果是這類情況，你應該與維修員聯絡。

## 維修員是否24小時待命？下班時間我應該與誰聯絡？

緊急狀況下，撥打119永遠是第一順位的選擇。如果在下班時間發生狀況，沒有生命威脅但需要加以處置，大部分的維修員會提供管道，讓你聯絡他或者其醫療群裡的其他維修員，要確保在需要發生前取得維修員的服務電話或電子郵件聯絡方式。有的使用者不願意在晚上或周末打擾他們的維修員，可能會選擇尋求其他獨立醫療機構的協助；如果是這種情況，你需要自己與維修員另外電話聯絡，否則你的就醫報告不會自動送達他的手中。

## 我是否真的要讓我的寶寶接受預防接種？

最近提出這個問題的使用者有以下三類：

〔1〕使用者依照CDC的時程預防接種，以更新寶寶的病毒軟體。

〔2〕使用者採用不同的預防接種時程，將寶寶接種的間隔拉長，或將有疑慮的疫苗接種刪除。

〔3〕使用者完全不採用任何預防接種。

有些使用者對於某些疫苗製造過程中所使用的防腐劑和（或）添加物有所疑慮，目前大多數的疫苗已經不使用硫柳汞

（thiomersal）（一種防腐劑），部分疫苗會加入小劑量的鋁，做為添加物以提高疫苗的效果。

因為你的寶寶並沒有自動更新的功能，為了寶寶的健康著想，你需要負責蒐集所有相關資訊加以參考，以便做出正確的決定。

## 外界有太多的資訊，我應該相信什麼？

許多新手使用者在照顧寶寶上面臨資訊過多的問題，請利用以下的指南，加以統整：

〔1〕相信你自己的直覺判斷。

〔2〕採用能夠為你的寶寶負責及掌控狀況的論點。

〔3〕要了解沒有一個人是所有寶寶問題的專家，尋找適合你個性和撫養方式的資訊。

# 障礙排除指南

如果你的寶寶無法以最佳效能運作，請利用以下障礙排除指南，來解決一些常見的問題。如果這些問題沒有獲得改善，請聯絡你的寶寶維修員。

| 問題 | 可能原因 | 可能的處理方式 |
| --- | --- | --- |
| 寶寶散發出不好的氣味…… | 脹氣 | 打開電扇讓臭氣從房間散出。 |
| | 尿布髒了 | 移除並重新放置尿布。 |
| 令人無法忍受／次數頻繁 | 拉肚子 | 腹瀉的照護（見202-203頁）。 |
| 排泄物是： | | |
| 黑色 | 胎便 | 無。寶寶內建有胎便，會在出生後1-2週排出。 |
| 含顆粒狀 | 母奶 | 無。母奶寶寶的排泄物呈現「含顆粒狀」是正常的。 |
| 綠色 | 豌豆 | 你寶寶的動力供給會影響廢物排出的顏色和質地，這是正常的。 |

| 問題 | 可能原因 | 可能的處理方式 |
| --- | --- | --- |
| 寶寶沒有散發出不好的氣味 | 便秘 | 你寶寶的動力供給會影響廢物排出的顏色和質地，這是正常的。<br>從寶寶臀部測量體溫。<br>放入一部分的甘油塞劑。<br>如果廢物仍無法排出，聯絡維修員。 |
| 寶寶某些部位似乎有漏水現象： | | |
| 視覺感應器 | 多重原因 | 見下頁「寶寶呈以下姿勢會哭泣」。 |
| 鼻子 | 過敏、長牙或生病 | 以柔軟的紙巾擦拭寶寶的鼻子。<br>聯絡維修員。 |
| 嘴巴 | 長牙 | 給予冰凍過或冷的啃咬物。<br>用圍兜蓋住寶寶的前胸吸取嘴部的滲漏。 |
| 腰部 | 油箱已滿 | 見下頁「排出已吃下的食物」。 |
| | 尿布安裝不正確 | 將尿布移除並重新安裝，將陰莖朝下（僅限男機型）。 |
| | 尿布滿載 | 將尿布移除並重新安裝。 |
| 寶寶似乎沒有液體從身體排出 | 脫水 | 增加寶寶的液體攝取。<br>給予小兒用電解質液。<br>諮詢維修員。 |

| 問題 | 可能原因 | 可能的處理方式 |
| --- | --- | --- |
| 寶寶無法吃下食物 | 油箱已滿 | 等60分鐘後再嘗試重新給予動力補給。 |
| | 生病 | 諮詢維修員。 |
| 排出已吃下的食物 | 油箱已滿 | 停止餵食寶寶。 |
| | 脹氣 | 替寶寶拍嗝，將沾到吐出食物的衣服擦乾淨。 |
| | 生病 | 諮詢寶寶維修員。 |
| 寶寶呈以下姿勢會哭泣： | | |
| 直立時 | 尿布濕了或髒了 | 移除尿布並重新放置乾淨的尿布。 |
| | 肚子餓 | 餵食寶寶。 |
| | 覺得熱 | 觀察並更換寶寶的衣物和覆蓋物。 |
| | 覺得冷 | 觀察並更換寶寶的衣物和覆蓋物。 |
| | 疲倦 | 啟動睡眠模式。 |
| | 脹氣 | 替寶寶拍嗝。 |
| | 覺得孤單、害怕、受傷 | 給予愛和安撫寶寶。 |
| | | 安裝自然或人工的安撫工具。 |
| 平躺時 | 耳朵感染 | 在寶寶的聽覺感應器內各點入一小滴溫的橄欖油。 |
| 任何姿勢 | 生病、長牙、腸絞痛 | 如果持續哭泣超過30分鐘，請諮詢維修員。 |

| 問題 | 可能原因 | 可能的處理方式 |
| --- | --- | --- |
| 寶寶無法… | | |
| 進入睡眠模式 | 尚未疲倦 | 跟寶寶玩。 |
| | | 帶寶寶出去散步。 |
| 再次進入睡眠模式 | 過度疲倦／過度刺激 | 停止刺激寶寶。 |
| | | 關燈。 |
| | | 輕搖寶寶。 |
| | | 試著重新啟動睡眠模式。 |
| 持續維持睡眠模式 | 尿布濕或髒了 | 移除尿布並重新安裝。 |
| | 肚子餓 | 餵食寶寶。 |
| | 不舒服 | 確認沒有標籤或玩具戳到寶寶。 |
| | | 更換寶寶的衣服。 |
| | | 移除或增加薄床巾或毯子。 |
| 進入、重新進入、或持續維持睡眠模式 | 害怕 | 給予寶寶愛與安撫。 |
| | 不知道方法 | 教導寶寶自行或由使用者引導進入睡眠模式，祝你好運！這個過程很快就會過去。 |

# 持有人認證

恭喜您！您已經研讀過本手冊中所有的操作指南，已經準備好照顧您的新寶寶。

只要有適當的照看，您的寶寶機型會給您一輩子的樂趣和喜悅，請好好享受！

持有人姓名

寶寶機型姓名

寶寶出生日期

寶寶機型性別

寶寶出生體重

寶寶機型瞳孔顏色

寶寶出生身長

寶寶機型髮色